适老化住宅设计·计·全·书

陈盛君　著

江苏凤凰科学技术出版社 · 南京

图书在版编目（CIP）数据

适老化住宅设计全书 / 陈盛君著 . -- 南京 : 江苏凤凰科学技术出版社 , 2024.2（2025.2 重印）

ISBN 978-7-5713-3912-8

Ⅰ . ①适… Ⅱ . ①陈… Ⅲ . ①老年人住宅 – 室内装饰设计 Ⅳ . ① TU241.93

中国国家版本馆 CIP 数据核字 (2024) 第 000683 号

适老化住宅设计全书

著　　者　陈盛君
项目策划　凤凰空间 / 周明艳
责任编辑　赵　研　刘屹立
特约编辑　周明艳

出版发行　江苏凤凰科学技术出版社
出版社地址　南京市湖南路 1 号 A 楼，邮编：210009
出版社网址　http：//www.pspress.cn
总 经 销　天津凤凰空间文化传媒有限公司
总经销网址　http：//www.ifengspace.cn
印　　刷　北京博海升彩色印刷有限公司

开　　本　710 mm × 1000 mm　1/16
印　　张　10
字　　数　150 000
版　　次　2024 年 2 月第 1 版
印　　次　2025 年 2 月第 2 次印刷

标准书号　ISBN　978-7-5713-3912-8
定　　价　59.80 元

推荐序

中国式现代化高度关注推进城市居住生态化和住宅建筑产业的高质量发展。在步入老龄化社会的现实面前，业界的规划师、室内设计师、建筑师也高度关心老年人群体居住环境与空间的设计科学性课题，并深入实践。这是房地产开发领域、建筑空间装饰业界的同行们，向中国式现代化靠拢的集体贡献。

很荣幸受陈盛君老师邀请给本书作序。在我仔细认真读完这本书后，的确有一些思考与想法欲与广大读者交流。

首先，这本书很有及时性。随着我国社会经济的持续发展，尤其是住宅消费市场的升级、更新，以及大众对体验性需求的不断提升，人们日益需要个性化、科学性和更加舒适的住宅产品和居住服务。在即将来临的中国老龄化市场面前，针对老年群体居住空间的设计与改造探索，是及时的，也是符合未来居住消费市场的实际需求的。

其次，这本书很有针对性。这本书从适老化住宅空间的各个区域进行较为详细的讲解与分析，针对老年群体的生理、心理特征展开尺寸数据、空间分割、采光与通风、色彩、功能安全、现有场地利用等方面的规划，来重新梳理适老化住宅设计与改造过程中的要领与技术规范。此外，这本书还结合国内一些优秀案例进行讲解分析，图文并茂，内容丰富，具有突出的针对性，为老年群体的社区建筑开发建设、居住空间设计与改造，给出了直接的、专业的参考。

最后，这本书很有人文性。我国面临的人口老龄化问题，促使社会各界不能不思考如何应对和适应这一变化，让更多的老年群体拥有更加宜居、康养的住宅环境，这也是我们社会、业界对老年群体的一种人文关怀。关心和关注老年群体的个性需求、集体的康养起居环境，是每个有大爱、懂孝悌的设计师可贵精神的体现。

今后，适老化住宅空间的改造与设计需求会更加迫切。这本书知识性与专业性结合，能够给老年社区、健康社区、养老建筑、康养生态项目的建设和诸多老年家庭的装饰装修提供帮助。在这里，我推荐广大读者、有识之士共同阅读。

著名室内设计师、建筑师、亚太空间设计师协会副会长

2023 年 11 月于南京

自序

如今，适老化住宅设计是一个蓬勃发展的领域。作为一名设计师，我深知适老化住宅设计对于我们社会的重要性，这是一项关乎人们生活质量和幸福感的使命。因此，我希望通过这本书，向广大的设计师、建筑师以及对适老化住宅设计感兴趣的人提供一个全面而系统的指南，帮助他们更好地理解和应对老龄化社会的住房需求。

《适老化住宅设计全书》旨在以综合的方式呈现适老化住宅设计的各个方面，从理论到实践，从设计原则到实际应用，全面探讨如何将住宅设计与老年人的需求相结合。这不仅仅是关乎建筑形式的问题，更是关乎创造适应老年人生活的、舒适安全的居住环境的问题。

本书聚焦于解决老年人生活中的实际问题，从居住空间的布局到设施的设置，从室内装饰到户外环境，提供了详尽的指导，以确保住宅的设计与老年人的生活方式相契合。此外，本书也关注老年人的社交与精神需求，因为适老化住宅设计不仅仅是提供一个安全的居住空间，更是创造一个促进社交互动、提供休闲娱乐的环境，让老年人可以保持独立、尊严和幸福。本书提供了关于无障碍设计、辅助设备、智能化科技的知识，以帮助老年人更好地自理，延长独立生活的时间，这也与社会的整体目标相一致，即延长老年人的健康、积极生活的阶段。

我深知，知识的分享能够让更多人受益。我衷心希望这本《适老化住宅设计全书》能够成为具有启发性和实用性的参考书，并为建筑师、设计师、房地产开发者以及普通家庭提供有益的指导，让他们在住宅设计中能够更好地考虑老年人的需求，创造出更加美好的居住环境。

我深信适老化住宅设计不仅仅是一种技术或方法，更是一种尊重和关爱老年人的态度。老年人是我们社会的重要组成部分，通过这本书，我希望能够唤起更多人对适老化住宅设计的关注，加强社会对老年人居住需求的关怀，满足老年人群体的住宅需求，以提高其生活质量和幸福感。

陈盛君

2023 年 12 月于深圳

目录

第1部分

适老化住宅设计的底层逻辑

第 1 章

适老化住宅设计的发展现状

第 1 节　世界及中国人口老龄化的现状

什么是人口老龄化

人口老龄化通常是指一个国家或地区的 65 岁及以上老年人口比例不断上升，同时 15 岁以下人口比例不断下降，总体上呈现人口年龄结构老龄化趋势的现象。一般认为，65 岁及以上的人口为老年人口，人口老龄化程度可以通过老年人口占总人口的比例来衡量。

通常，如果一个国家或地区 65 岁及以上的老年人口占总人口的比例超过 7%，就被认为进入老龄化社会。这个标准是在 1956 年联合国发布的《人口老龄化及其社会经济后果》中提出的。此外，联合国还根据年龄，将老年人口分为三类：60 ~ 74 岁为“年轻老年人”，75 ~ 84 岁为“老年人”，85 岁及以上为“高龄老年人”，如图 1-1 所示。这一分类标准在研究老年人口的特点和需求方面具有重要意义。

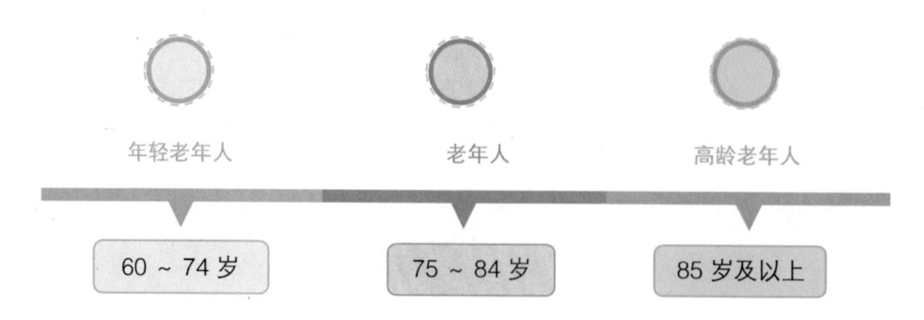

图 1-1　联合国提出的老年人分类标准

老年人口在一个国家或地区的占比越高，意味着这个国家或地区所要面临的老年人健康、养老和社会保障等方面的问题和挑战就越多。

世界人口老龄化现状

人口老龄化是一个全球性的问题，在全世界范围内，人口老龄化趋势正在加剧，尤其是在一些发达国家和地区。根据联合国的统计数据，在一些发达国家中，老年人口的比例已经超过了其人口总数的 20%，如日本、希腊、意大利等。

而联合国的另一组数据显示，目前全球年龄在 65 岁及以上的人口已超过 7.5 亿，预计到 2050 年，这一数字将超过 21 亿，占全球总人口的比例将从现在的 9% 增长到 22%。

亚洲地区人口老龄化程度较为严重。据联合国的预测，亚洲地区的人口老龄化程度将比欧洲和北美洲更加严重，预计到 2050 年，日本、韩国、中国的老年人口占比将分别达到 36.4%、39.1%、34.9%。这给我们的社会发展带来了诸多挑战，并带来了一系列的社会问题和经济问题，如医疗保障问题突显、养老压力加大、劳动力市场萎缩和经济增长放缓等。

中国人口老龄化现状

中国是世界上人口老龄化程度最为严重的国家之一。随着人口红利的逐渐消失，老年人的人口比例也在不断攀升。国家统计局的数据显示，中国 65 岁及以上老年人口的年增长率已经连续多年保持在 6% 以上，截至 2021 年底，已经超过 2.6 亿，占总人口的比例为 18.7%，而这一速度远远高于总人口的增长速度。与此同时，出生率却处于下降的趋势，15 岁以下的人口比例也下降到 18% 左右。基于庞大的人口基数和处于下降趋势的出生率的影响，中国的人口老龄化过程显得更为迅速和突出。

同时，中国老年人口分布不均的情况尤为明显，东部沿海地区的老年人口占比较低，而西部地区的老年人口占比相对较高。

另外，由于历史原因以及经济发展水平的不同，中国老年人口的经济状况差异较大。一些老年人生活拮据，缺乏基本的养老保障，需要得到社会的关注和帮助。

因此，政府和社会都需要提前采取积极的应对措施，来面对人口老龄化可能带来的各种社会问题和经济问题。

第 2 节　适老化住宅设计的迫切需求及关键点

适老化住宅设计的迫切需求

随着人口老龄化的情况愈加严峻，其所带来的社会压力和经济压力也日益明显。老年人需要更多的社会服务和医疗服务，养老机构供给不足的现象也越来越明显。适老化住宅设计能够相应地解决一些问题，为老年人提供更加便捷、经济、健康的居住环境，提高老年人的生活质量和幸福感。适老化住宅设计能够缓解老龄化问题带来的社会压力和经济压力，针对老年人的特殊需求，为他们提供更安全、舒适、方便的居住环境。此外，适老化住宅设计能够提供养老方案，使老年人能够在家中安享晚年，减轻家庭负担和养老机构的压力，促进社会和谐发展。

相关机构的数据显示，适老化住宅设计具有巨大的市场潜力，备受关注。掌握适老化住宅设计的关键点是设计师应该具备的基本素养之一。

适老化住宅设计的关键点

适老化住宅设计旨在创造一种适合老年人居住的环境，以满足他们的日常需求并提高其生活质量。但是在适老化住宅设计的进程中，需要考虑到老年人的生理、心理和社会需求等因素，会遇到各种挑战和问题，如图 1-2 所示。

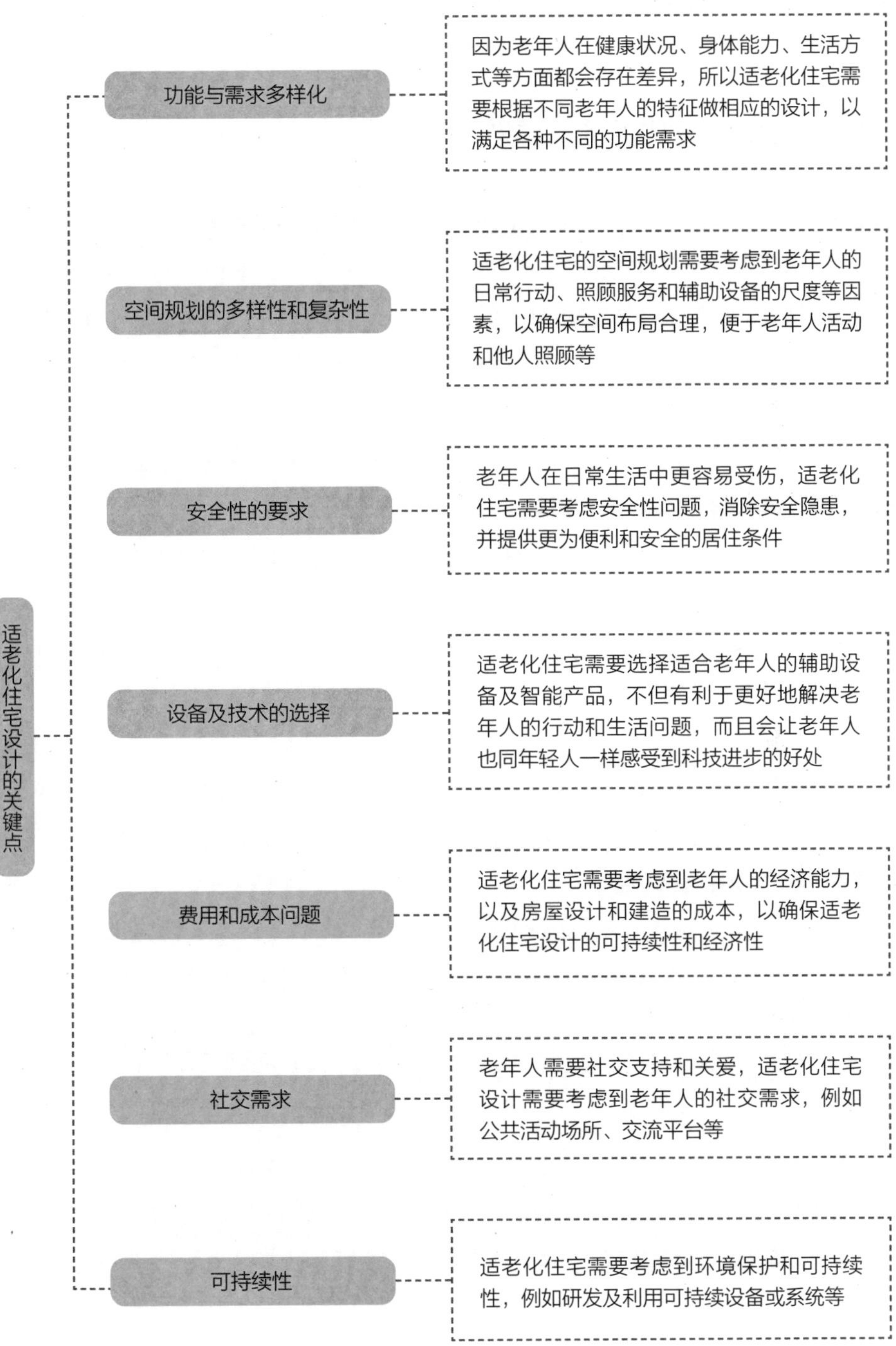

图 1-2　适老化住宅设计的关键点

第3节 适老化住宅设计在国内外的发展进程及相关政策

适老化住宅设计在国内外的发展进程

目前在一些发达国家，适老化住宅设计的概念已经普及，发展也较为成熟，形成了比较完整的设计理念和政策体系，得到了广泛的应用和推广，并已成为建筑设计中的一个重要的分支。

在中国，适老化住宅设计的起步相对较晚，发展历程相对较短，但随着人口老龄化的加速，适老化住宅已经成为国内建筑设计和城市规划中的重要议题。近年来，适老化住宅逐渐受到了政府和社会的重视，国内的一些高校、研究机构、企业已经开始进行适老化住宅的研究和实践。未来，随着人口老龄化问题的日益突出，适老化住宅设计的发展会更加完善。总的来说，适老化住宅设计在中国的发展进程可以概括为以下三个阶段：

21 世纪最初期（概念提出阶段）：随着人口老龄化问题日益凸显，适老化住宅的概念逐渐被提出。

2010 年前后（设计研究初期）：适老化住宅的设计开始受到关注，国内相关研究机构和设计单位开始进行适老化住宅的探索和实践。同时，也开始关注和借鉴国外的适老化住宅设计标准和经验。

2010 年代中期至今（设计研究及推广应用阶段）：国家出台了一系列相关政策，推动适老化住宅的建设和发展。适老化住宅的建设开始逐渐增多，同时也涌现出了一些适老化住宅设计的优秀案例。具体时间进程可概括如下：

2016 年，由全国老龄办、国家发展改革委、国土资源部、住房和城乡建设部等 25 个部委共同制定的《关于推进老年宜居环境建设的指导意见》发布，这是我国发布的第一个关于老年宜居环境建设的指导性文件。

2018 年，适老化住宅首个地方标准《适老化住宅设计规范》在杭州出炉，这也是国内首个专业化的指导性文件。

2018 年至今：自 2018 年起，适老化住宅设计在国内得到了更多的关注和推广。政府部门加大了政策支持力度，鼓励开展适老化住宅建设和研究。适老化住宅设计成为建筑行业的热点领域之一，许多设计机构和建筑师开始专注于适老化住宅的设计和研究。

适老化住宅设计在国内外的相关政策

部分发达国家在适老化住宅设计上的政策体系较为完善，这为适老化住宅的建设和发展提供了良好的条件。主要表现为以下几个方面：

政策引导方面：政府制订相关政策，引导开发商、设计单位和业主更加注重适老化住宅的设计和建设，提高适老化住宅的普及率和质量。

财政补贴方面：发放适老化住宅建设的财政补贴，鼓励开发商、设计单位等参与适老化住宅的建设和设计。

建筑法规方面：制订适老化住宅的建筑法规和标准，明确适老化住宅的建筑要求，包括设计、施工、验收等方面的规定。

社会服务方面：提供相关的社会服务，包括社区医疗、社会护理等服务，为适老化住宅的居民提供更好的生活保障。

税收优惠方面：为适老化住宅的建设和改造提供税收优惠政策，鼓励企业和个人参与适老化住宅建设。

中国的适老化住宅政策和制度体系目前来看还有待进一步完善，但是政府对适老化住宅建设越来越重视，相关政策的完善和实施将会推动适老化住宅的发展和建设。主要表现为以下几个方面：

政策引导方面：政府制订一系列政策文件，鼓励社会各界关注老年人居住问题，推动适老化住宅的建设和改造。

财政补贴方面：政府鼓励各地通过财政支持和奖励等措施，鼓励开发适老化住宅。

建筑标准方面：适老化住宅被纳入了《建筑设计标准》《住宅设计规范》等标准，强化了适老化住宅的建设标准。要求适老化住宅的建筑设计应满足老年人的生理和心理需求。

建筑配套方面：建立健全老年人配套服务体系，提供医疗、护理、健身等服务，为老年人提供更加便利的生活服务。

设施配套方面：政府要求适老化住宅配套设施应包括无障碍通道、电梯、智能化居家设备等，满足老年人的生活需求。

综合服务方面：政府鼓励社区建设，提供综合服务，包括社交、文化娱乐、健身、教育等服务，满足老年人的生活需求。

营造氛围方面：政府鼓励社区建设，引导社区建设更为宜居的老年人居住环境，营造老有所居的良好氛围。

第 2 章

适老化住宅设计的原则及要点

第 1 节　老年住宅各空间常见的问题及隐患

在适老化住宅设计中，需要根据老年人的需求和特点，考虑到老年住宅各空间常见的问题及隐患。设计者在设计过程中需要重视这些问题，并通过有针对性的设计来解决，提高老年人居住的舒适性和安全性。

门厅

图 2-1 列举了门厅空间常见的一些问题，这些会造成老年人行动不便，有摔倒等风险。

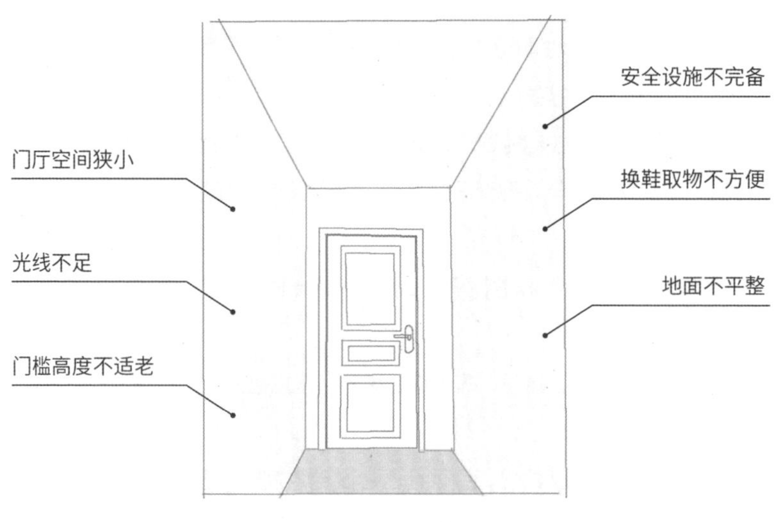

图 2-1　门厅空间常见问题

客厅

图 2-2 列举了客厅空间常见的一些问题，这些问题会影响老年人的日常活动和社交活动等。

图 2-2　客厅空间常见问题

厨房

图 2-3 列举了厨房空间常见的一些问题，这些会影响老年人的饮食健康和自主烹饪能力。

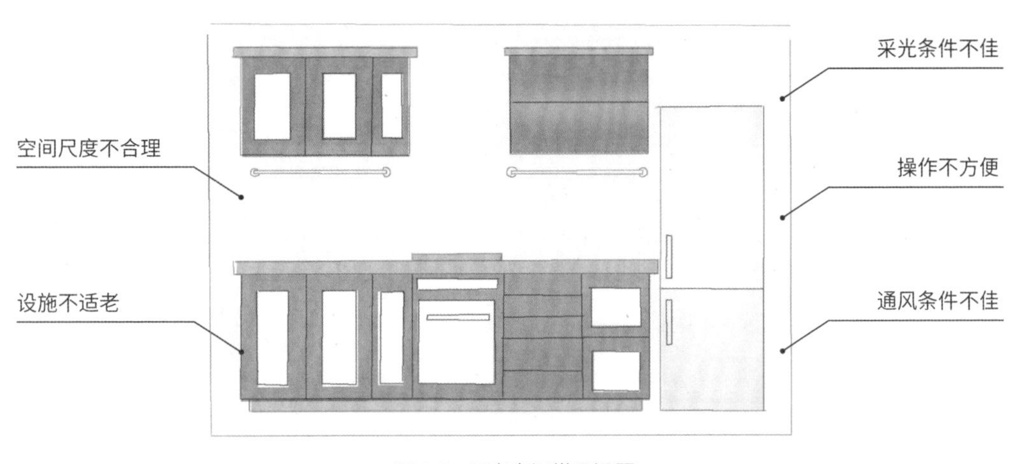

图 2-3　厨房空间常见问题

卫生间

图 2-4 列举了卫生间空间常见的一些问题，会导致老年人使用不方便，容易滑倒。

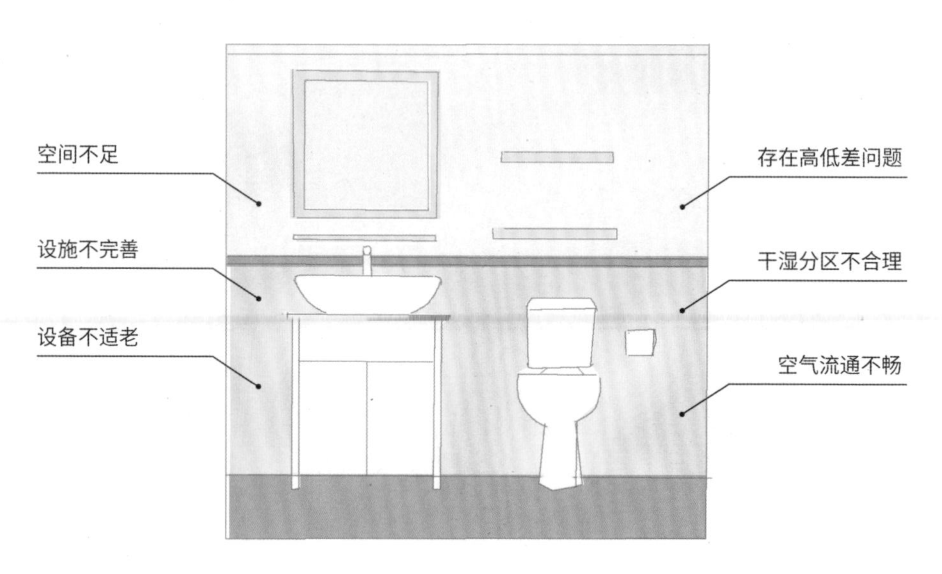

图 2-4　卫生间空间常见问题

卧室

图 2-5 列举了卧室空间常见的一些问题，这些会影响老年人的睡眠质量和日常活动能力。

图 2-5　卧室空间常见问题

阳台

图 2-6 列举了阳台空间常见的一些问题，会导致老年人的日常行动不便，容易摔倒。

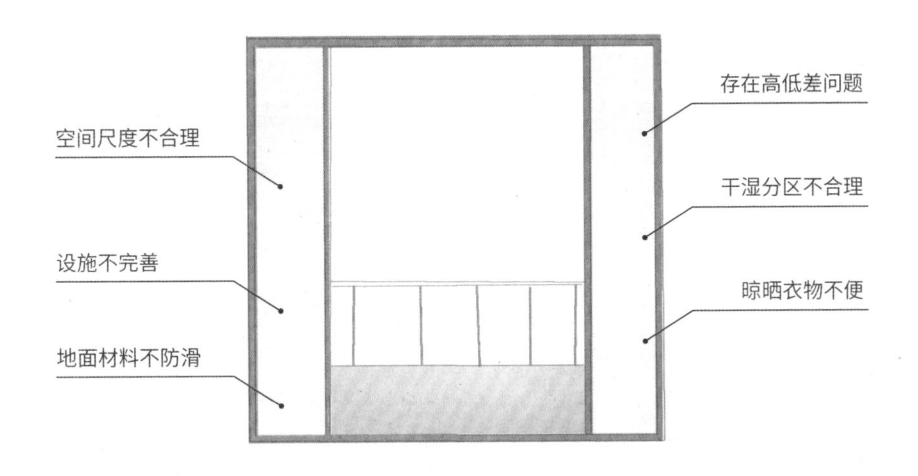

图 2-6　阳台空间常见问题

第 2 节　适老化住宅设计的原则及要点

常见居家养老住宅平面布局规划分析

从目前常见的居家养老模式来看，一般可分为多代同居、两个老人合居和一个老人独居这三种模式。对于这三种居家养老模式，需要根据老人的身体特征和居住习惯，对其居住的空间进行相应的适老化设计与改造。

以下内容分别对这三种居家养老模式的空间布局进行分析及优化讲解，以便大家可以更加直观地了解在做适老化设计时，应如何对原有的户型进行优化与改造。

1. 多代同居养老模式，住宅平面布局规划案例

如图 2-7 所示，这是现在市面上比较常见的一种户型，比较适合多代同居的居住模式。但需要注意的是，在做多代同居的适老化户型优化设计时，既要考虑到年轻家庭成员的居住习惯，又要兼顾老人的身体特征及生活特点。一般来说，空间和通道要满足日后轮椅通行和回转的空间尺度；老人的房间距离年轻家庭成员的房间不宜过近，要避免由于作息时间的冲突相互干扰；老人房间距离卫生间宜较近，方便老人起夜，避免由于距离太远而造成老人着凉或摔跤等意外。

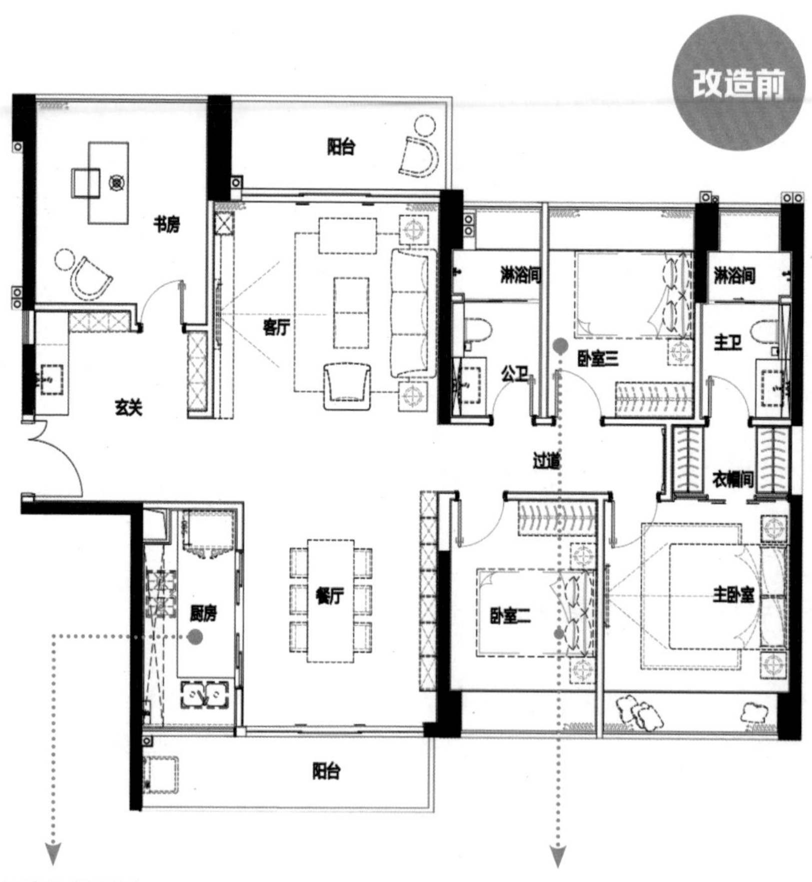

问题一：厨房尺度不适老

厨房的布局和尺度满足不了轮椅的回转，会对日后老人操作和日常行动造成不便。

问题二：卧室尺度和布局不适老

两卧室的空间无法满足适老化设施的运行，且离年轻家庭成员卧室太近，容易造成互相干扰。

图 2-7　多代同居养老原始户型

对于这个户型来说，卧室二与卧室三如果作为老人房，则与年轻家庭成员卧室相距太近，且卫生间的设计并不适老，厨房和卫生间目前的空间尺度条件有限，满足不了日后回转轮椅等动作。针对以上这些问题，需要对其进行适当的改造，如图 2-8 所示。

破解二：调整厨房空间尺度，向餐厅“借”空间

在对餐厅的空间大小进行评估后，可以将厨房的开间进行适当的扩大，从而增大厨房的空间，老人日后若需坐轮椅，也可以进厨房活动。同时，餐桌类型也可以适当调整，以留出充足的过道空间方便老人来回活动。

破解三：调整客厅布局，减少对卧室的干扰

为了尽量避免客厅电子设备产生的噪声影响老人休息，可以将客厅原来的家具朝向进行镜像摆放。

图 2-8　多代同居养老户型优化

2. 两个老人合居养老模式，住宅平面布局规划案例

如图 2-9 所示，这是一个老小区的住宅户型。一般来说，很多中青年成家立业后通常会与老人分开居住，老人多数是留在原来的老小区中继续居家养老。因为老小区的条件比较落后，故无论是空间动线还是配套设施都存在很多问题。例如下图的这个户型，就存在着以下这些问题：

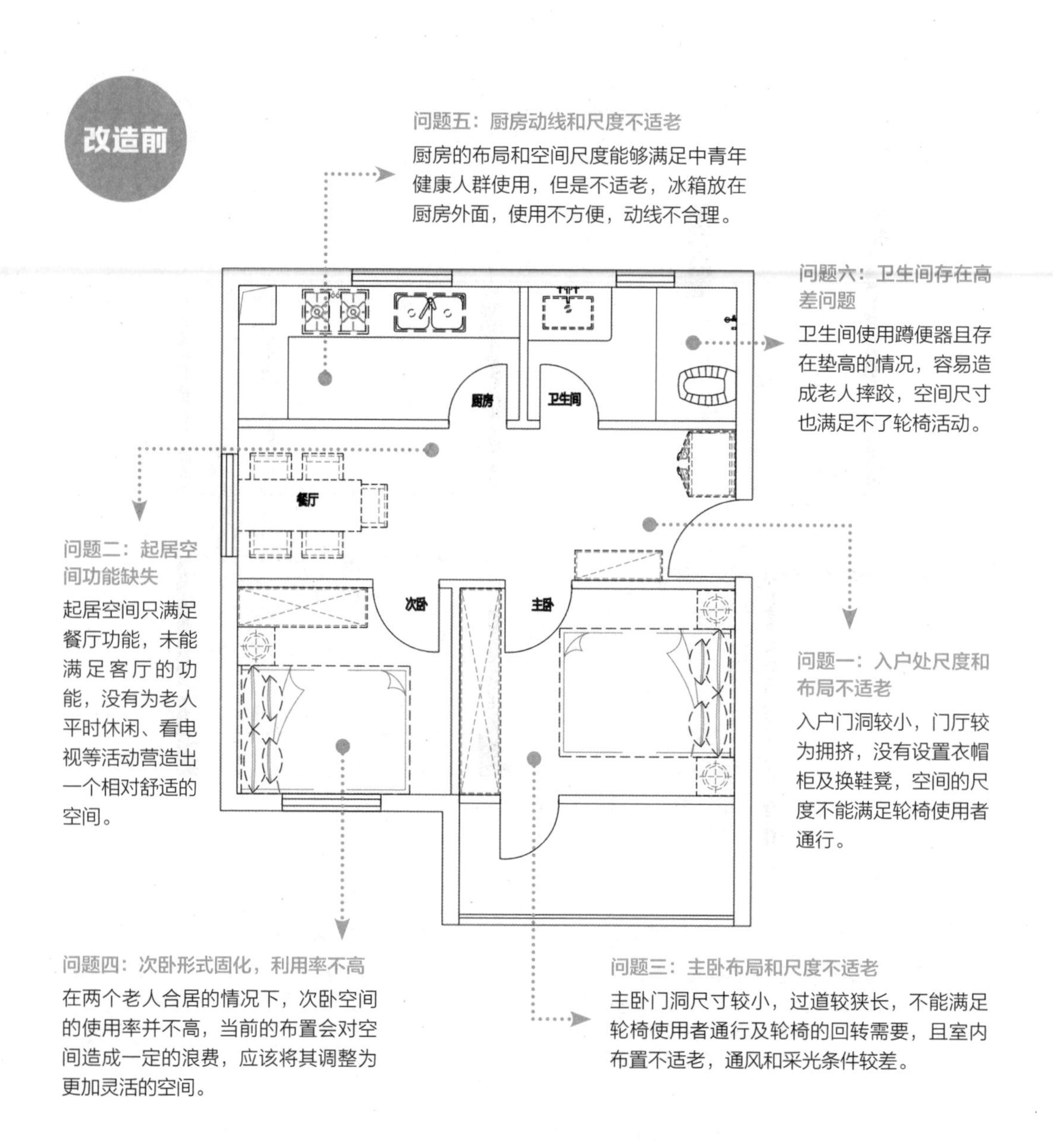

图 2-9　两个老人合居原始户型

那么，根据这个户型的不适老问题，可以进行以下优化，如图 2-10 所示：

1. 所有门扇选择内外可开启型。
2. 卧室的门扇宽 900 mm 以上，入户门的门扇宽 1000 mm 以上。
3. 本书考虑老人坐轮椅的情况，不完全因为老人年纪大了都会坐轮椅，而是随着年纪增长，老年人会因为腿脚功能退化、生病手术或者意外摔跤等情况导致坐轮椅的概率比较高。为了方便老人的生活起居，需要把轮椅的空间尺度需求提前考虑好。

改造后

破解五：扩大厨房进深，优化动线

将厨房进深空间外扩，满足轮椅运动的空间尺度，将冰箱移到厨房，满足取、洗、切、炒、放的动线。

破解二：扩大起居空间，客餐厅一体化

厨房与客餐厅相连的墙体上部分做成通透的玻璃隔断，在入户门与客厅之间打造出一个宽敞的通道，方便老人在家中进行简单的锻炼活动，没有杂物和家具的障碍，也方便老人日常居家行动。

破解六：扩大卫生间进深，消除高低差

将卫生间进深空间外扩，抬高的垫层拆除，消除高低差，借助同层排水的原理，将蹲便器换成智能坐便器，增加安全扶手，淋浴间使用浴帘，预留出轮椅通行的空间。

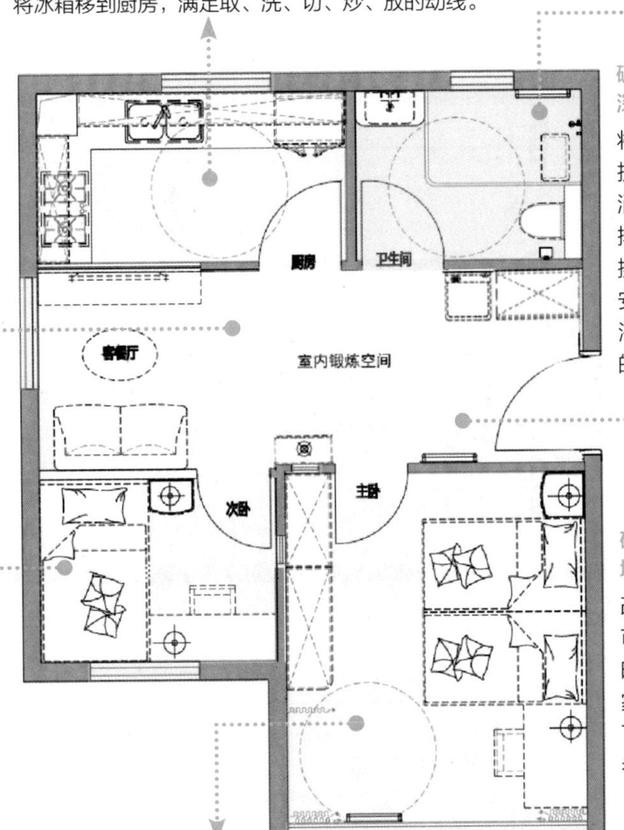

破解一：调整玄关尺度，增加功能配套

改造原入户门洞的尺寸，可改为 1000 mm 宽，同时在玄关处增加收纳和家政空间，并在鞋帽柜下方设置换鞋凳，方便老人坐着换鞋。

破解四：次卧改为多功能房

次卧改造成多功能房，方便子女偶尔来住或者供保姆居住，床底设置收纳空间，供老人储藏杂物；在客厅、次卧与主卧相连的墙上开设观察窗，方便家人或照料人员在房外观察到房内老人的动静和需求。

破解三：重塑主卧空间，巧用阳台

主卧设置两张床，供老人分床休息，可以避免老人起夜或翻身时相互干扰，影响睡眠质量；设置写字台和阳光角供老人阅读休闲，晾衣阳台可灵活使用，阳台区域与睡眠区设置帘子，并在阳台上安装可折叠且高度适中的晾衣竿，使阳台满足晾衣和休闲的功能；预留轮椅通行及回转的尺寸，设置置物台和衣柜等收纳空间。

图 2-10　两个老人合居户型优化

3. 一个老人独居养老模式，住宅平面布局规划案例

如图 2-11 所示，这是适合一个老人独居的现代公寓式养老住宅户型。公寓住宅的户型结构较为简单，在规划设计的过程中，需要重点考虑到老人的身体特征及行动方式，以及一个人生活时的行为模式，并且要做好通风和采光等条件的适配。

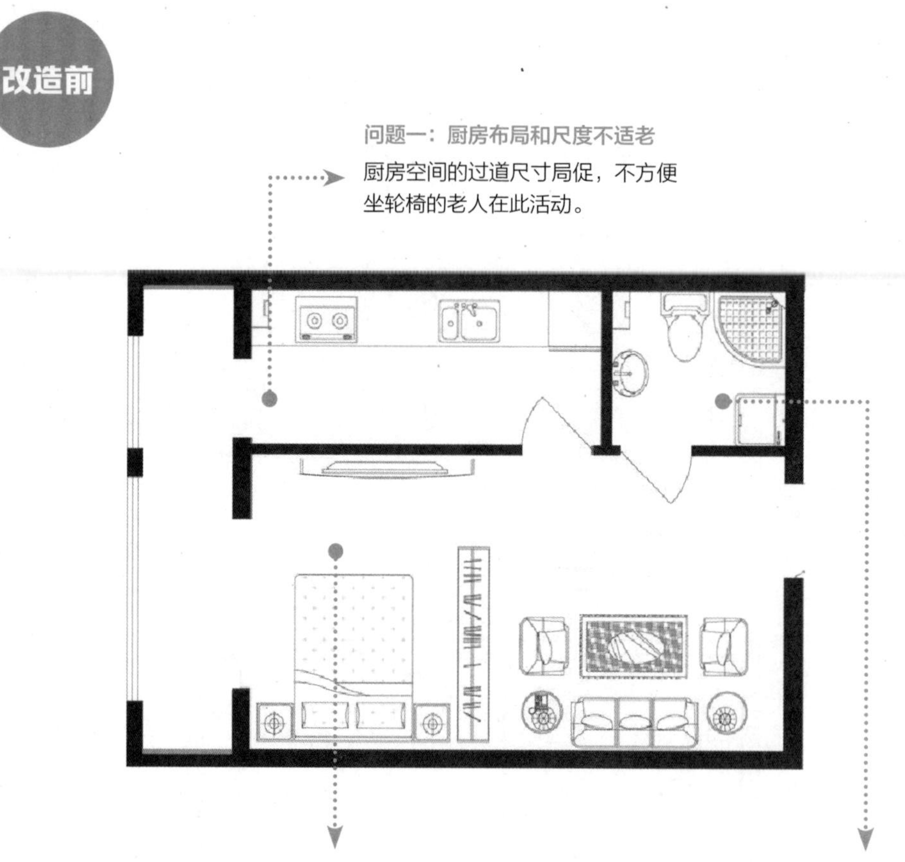

问题三：起居区与睡眠区布局不合理

卧室一般需要距离卫生间近，且需要考虑到日后使用轮椅时的空间尺寸和老年人的身体特点。

问题二：卫生间布局和尺度不适老

卫生间满足不了日后轮椅通行和回转的尺度，布局和动线较为凌乱，存在高低差的问题，淋浴隔断固定，操作不方便。

图 2-11　一个老人独居原始户型

这是一个老人独居的公寓房，为了使老人的活动更加方便，视野更加开阔，可以适当地拆除部分的墙体进行更加灵活的空间分配与布局，做相应的优化，如图 2-12 所示。

改造后

破解一：打造开放式餐厨区，优化功能和动线

考虑到独居老人使用厨房的方便性和灵活性，将厨房与餐区结合进行开放式设计，既有助于空间的互借互动，又能缩短烹饪与用餐的动线距离，避免老人端盘子进出厨房不方便的现象，同时避免油污在起居空间滴落地面导致的清洁问题和安全隐患问题。

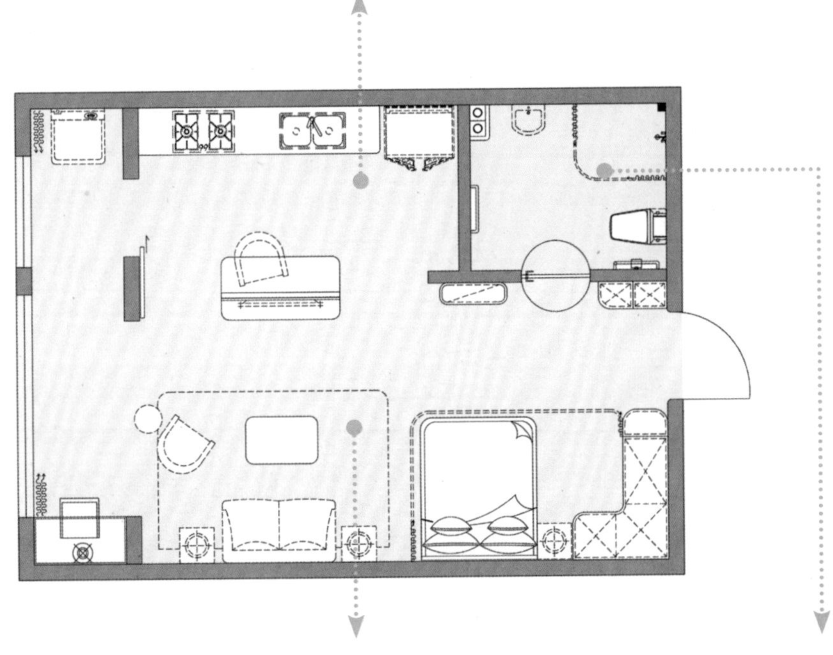

破解三：空间按年龄段重分配

情况一：对于年轻老年人来说，一般生活可以自理，行动也较为方便。这个时候可以如图布置，将卧室空间布置在与起居空间和卫生间都较近的位置，平时的主要活动空间是客厅和阳台的区域。

情况二：对于老年人来说，多数存在腿脚不便，需要经常休息的情况。可以把卧室安排在靠近阳台的一侧，老人在床上也可以感受到室外的阳光，看到自然的景色。

情况三：对于高龄老年人来说，大多数可能需要长期卧床，并需要保姆或者家人照料。这时，就可以把保姆床安排在进门一侧，与老人的床置于同一个空间，方便照料老人。

破解二：调整卫生间布局和尺度，优化功能和动线

调整卫生间的布局和尺度，优化使用动线，做好干湿分区，增设安全扶手，消除高低差，用浴帘代替淋浴隔断，将门扇调整为内外双开式。

图 2-12　一个老人独居户型优化

玄关内的适老化设计原则及要点

玄关作为住宅室内外过渡与缓冲的关键空间，具有非常重要的连接属性。对于老年人的住宅来说，在做适老化的设计时，既要考虑到空间的功能性，又要考虑到安全性、便利性以及无障碍等附加因素，而这就需要我们对玄关空间的适老要求有足够的了解。

1. 玄关内的适老化人体工程学

（1）老年人人体尺寸及辅助用具尺度介绍

随着年纪的增长，老年人身体机能会发生一定程度的变化，因此在做适老化设计的过程中，需要了解老年人的人体尺寸及老人常用辅助工具的尺度问题。如图 2-13 和图 2-14，分别是中国男女性老年的人体模型尺寸。

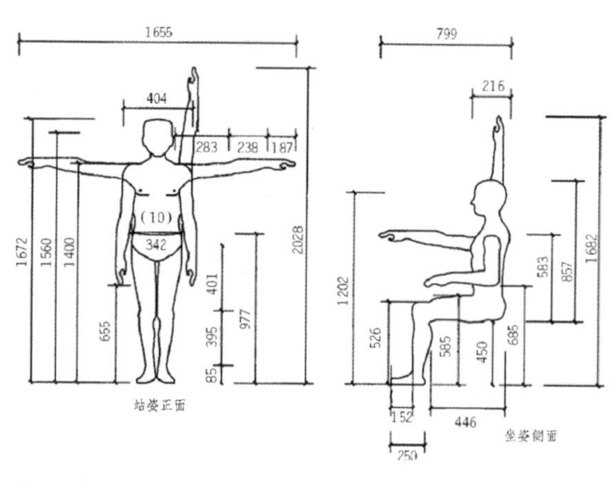

图 2-13　中国男性老年人体模型的基本尺寸
数据来源：《老年人居住建筑图集》

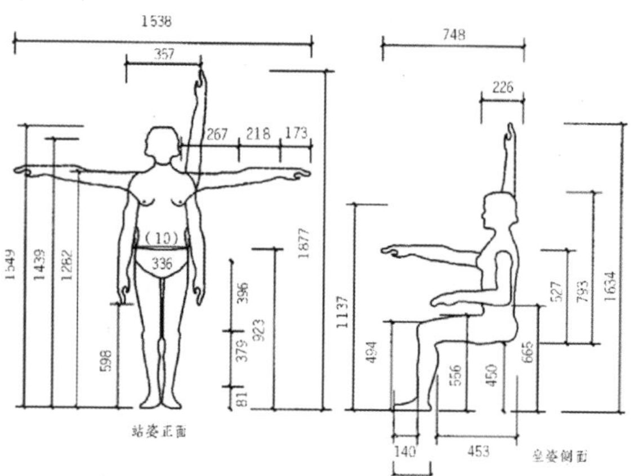

图 2-14　中国女性老年人体模型的基本尺寸
数据来源：《老年人居住建筑图集》

注：本书图中所注尺寸除注明外，单位均为毫米。

在设计实践中，需要根据具体情况具体分析，充分研究老年人的人体尺寸，进行个性化的设计。另外，对于老年人经常用到的辅助用具，也需要把握好其尺度关系。表 2-1 列举了常见的辅具尺度要求。

表 2-1　常见的辅具尺度要求

类别	常规尺寸	尺度要求及说明
手动轮椅	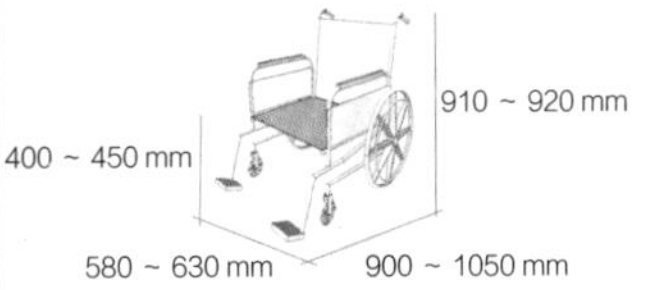 910 ~ 920 mm 400 ~ 450 mm 580 ~ 630 mm 900 ~ 1050 mm	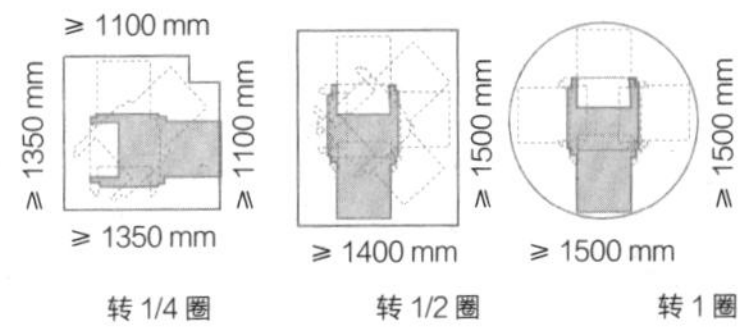 ≥ 1100 mm ≥ 1350 mm ≥ 1100 mm ≥ 1350 mm 转 1/4 圈 ≥ 1500 mm ≥ 1400 mm 转 1/2 圈 ≥ 1500 mm ≥ 1500 mm 转 1 圈
电动轮椅	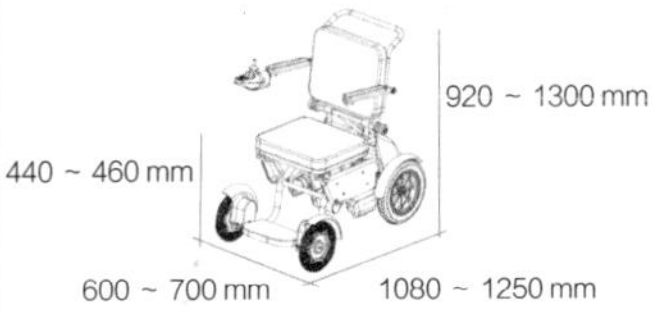 920 ~ 1300 mm 440 ~ 460 mm 600 ~ 700 mm 1080 ~ 1250 mm	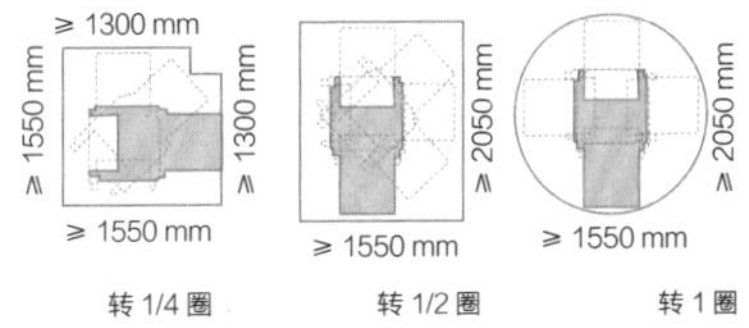 ≥ 1300 mm ≥ 1550 mm ≥ 1300 mm ≥ 1550 mm 转 1/4 圈 ≥ 2050 mm ≥ 1550 mm 转 1/2 圈 ≥ 2050 mm ≥ 1550 mm 转 1 圈
助行购物车	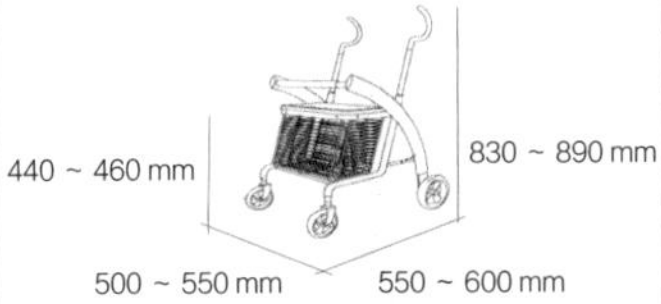 440 ~ 460 mm 830 ~ 890 mm 500 ~ 550 mm 550 ~ 600 mm	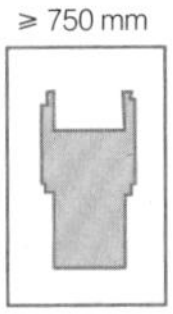 ≥ 750 mm 市面上的助行车具有可调节高度、可固定脚轮、可储存物品、固定后可以当板凳等功能，可根据实际选型进行尺度的判断
助行架	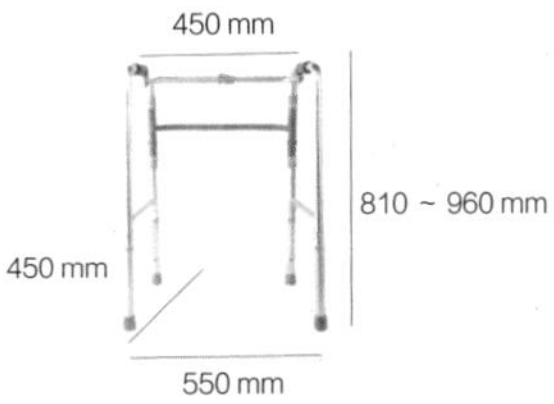 450 mm 810 ~ 960 mm 450 mm 550 mm	 ≥ 750 mm 在使用助行架正向行走的时候，两侧至少要预留 10 cm的空间，作为臂弯的活动空间
拐杖	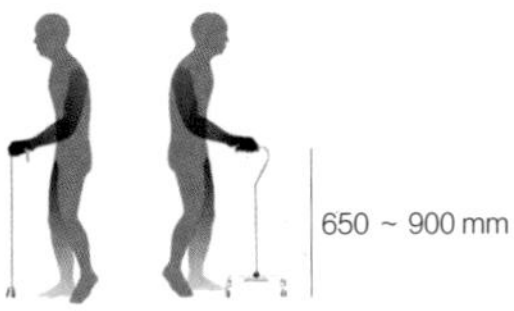 650 ~ 900 mm	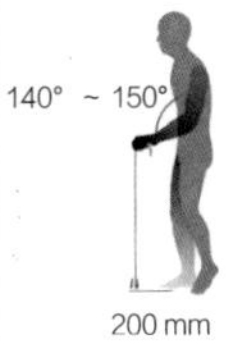 140° ~ 150° 200 mm 手杖长度满足：杖长 = 身高 ÷2+30 mm 身高　　杖长 1350~1450 mm　700 mm 1450~1550 mm　750 mm 1550~1650 mm　800 mm 1650~1750 mm　850 mm 臂腕弯曲度一般为 140° ~150° 拐杖的落地点一般距离脚尖 200 mm

以上是一些常见的老年人辅具的尺度分析。由于市面上产品更新迭代较快，在实际操作中，需要根据产品的实际尺寸进行合理的推演。

（2）老年人在玄关内的行为研究及尺度要求

● 取物场景分析（表 2-2）

表 2-2　取物场景分析

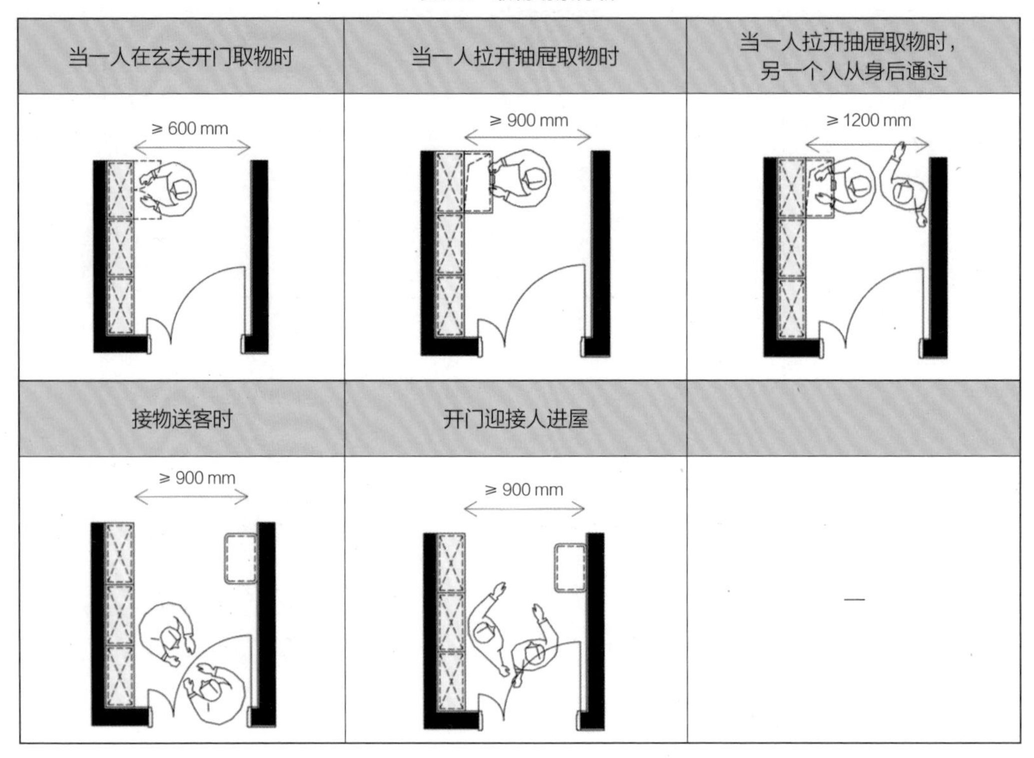

当一人在玄关开门取物时	当一人拉开抽屉取物时	当一人拉开抽屉取物时，另一个人从身后通过
≥ 600 mm	≥ 900 mm	≥ 1200 mm
接物送客时	开门迎接人进屋	
≥ 900 mm	≥ 900 mm	—

● 换鞋场景分析（表 2-3）

表 2-3　换鞋场景分析

一人坐在玄关换鞋时	一人坐在玄关换鞋，另一人开柜门取物时	一人坐在玄关换鞋，另一人正向通行时
≥ 900 mm	≥ 1100 mm	≥ 1200 mm

- 坐轮椅行为场景分析（表 2-4）

表 2-4　坐轮椅行为场景分析

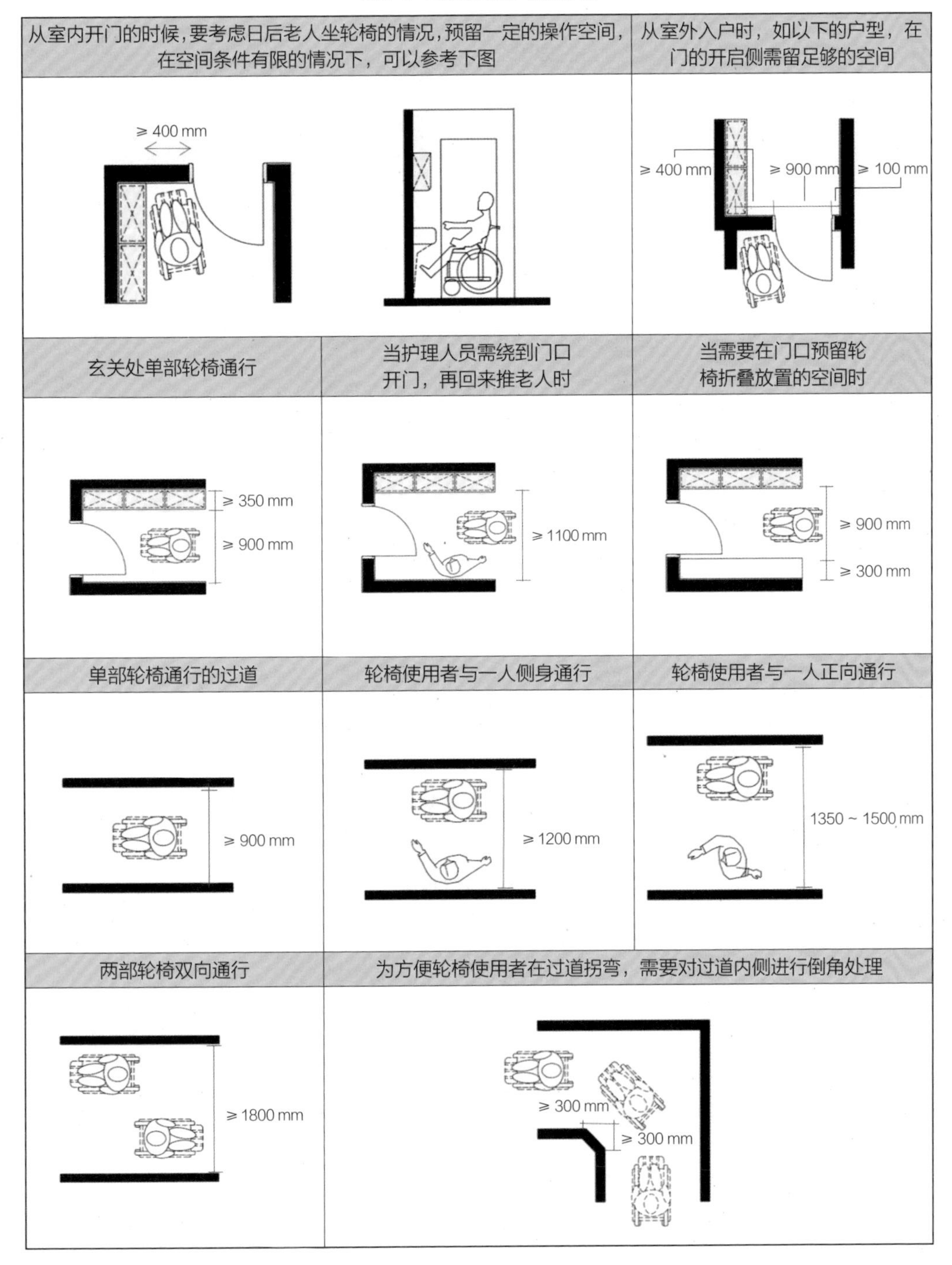

（3）玄关内适老化家具人体工程学

根据老年人的身体特点和活动方式，在设计玄关柜的时候，要对尺寸和收纳规划进行适当的适老化调整，如图 2-15 所示。

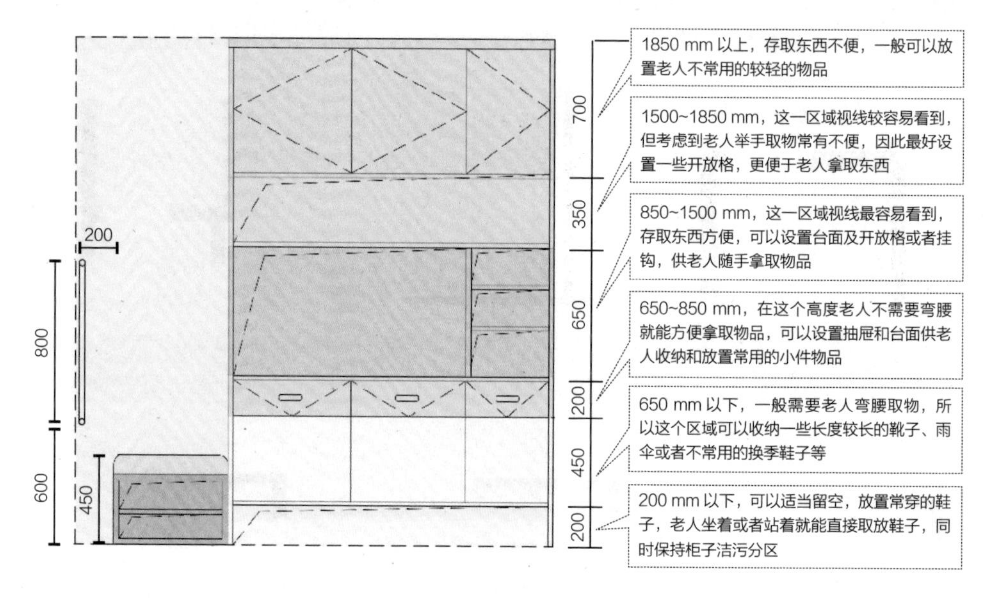

图 2-15　玄关柜的适老化尺寸和收纳规划

需要注意的是，在设置换鞋凳的时候，为了方便日后老人换鞋起身，应在换鞋凳旁边预留好安装竖向扶手的空间，如图 2-16 所示。另外，对于换鞋凳的高度，一般设置在 430 ~ 450 mm，但是对于特殊情况，如一些老人因为腿部问题做过膝关节手术或者患有膝关节炎症的话，凳子需要设置得高一些，以免因关节的屈伸造成关节的不适。

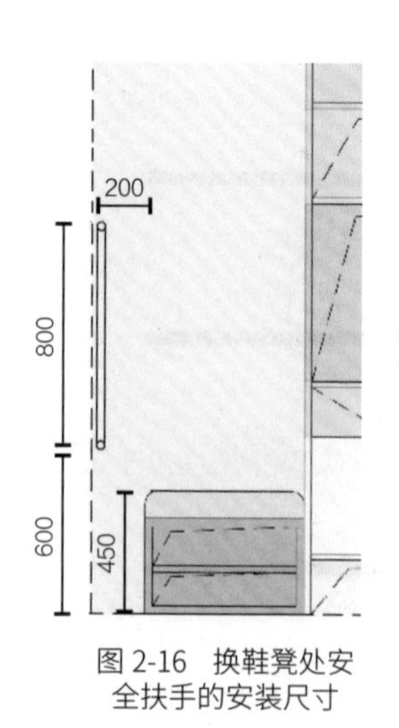

图 2-16　换鞋凳处安全扶手的安装尺寸

2. 玄关的适老化设置及注意事项

（1）入户门外部的适老化要点

在入户门外部，要考虑到老年人外出及购物回家时，需要一定的缓冲空间，这个时候需要考虑到的要点见表 2-5。

表 2-5　入户门外部的适老化要点

入户一侧应该安装重力挂钩，方便老人开门时暂存物品，重力挂钩的高度在 850 ~ 900 mm 为宜	如果门外空间允许，还可以设置一张简易、开放的置物台，方便暂存物品及开门等动作	入户处安装可视化对讲门铃，门铃的高度需要满足不同年龄段的使用	建议入户门安装指纹密码锁，老人可以通过指纹、密码、刷卡开门或者 APP 远程开门，避免忘带钥匙引起的麻烦	对于公共区域内没有安装感应灯的老小区，需要在入户处安装一盏人体红外线感应灯，方便开门及归家

（2）玄关内的适老化要点

在玄关空间内部，要考虑到以下的适老化设施，如图 2-17 和表 2-6 所示。

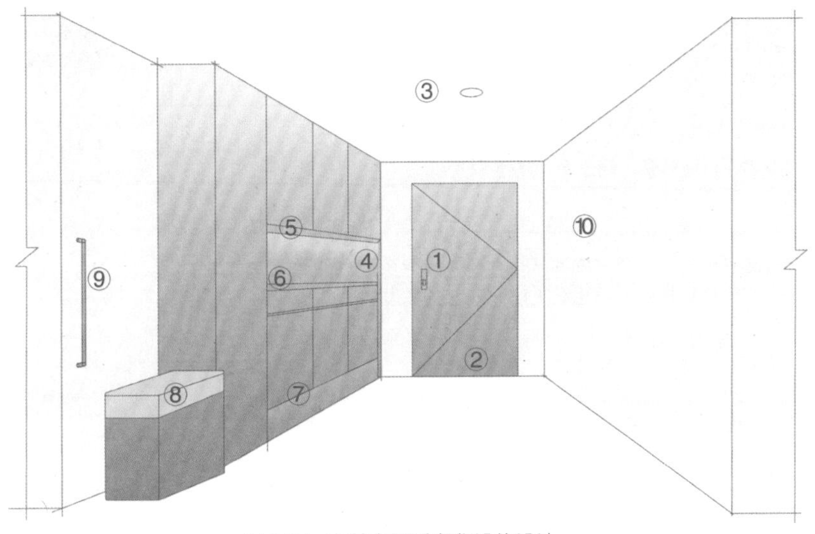

图 2-17　玄关空间适老化设施设计

表 2-6 玄关空间的适老化设计要点分析

序号	适老化设计要点	设备
1	建议安装指纹密码锁	
2	门下安装自动隔声除尘条，保持入户区域的清洁，同时需要消除门槛的高低差，防止老人不慎摔跤	
3	入户处安装一盏人体红外感应灯，开门即亮，防止老人摸黑操作	
4	门垛一侧安装一键开关和电源插座，方便老人出门时关闭全屋用电	
5	台面上部安装手扫感应灯，方便老人存取物品时看得更清楚	
6	玄关柜要有台面功能，方便暂存物品和其他操作	
7	在放常穿鞋子的储物格内，建议预安装带开关的插座及灯带，便于照明及烘鞋器和消毒仪的使用	
8	玄关内设置换鞋凳，便于老人换鞋	
9	换鞋凳一侧应预安装竖向扶手，方便老人起身站立；另外需要安装一个安全报警按钮，防止老人自己在玄关内发生紧急情况而无人援助	
10	门后可设置一些挂钩，方便老人随手挂衣帽及出门时换取	

注：针对部分老人行动不便的问题，可考虑将可视化对讲机安装在靠近客餐厅的区域。如果可视化对讲机在玄关处的话，老人距离对讲机太远，有人按门铃时，突然起身走动易产生安全问题。

（3）玄关内适老化收纳要点

对于玄关的适老化收纳问题，因为要满足老年人的日常需求，故需要站在老年人的角度来思考其行为习惯。收纳要点如图 2-18 所示。

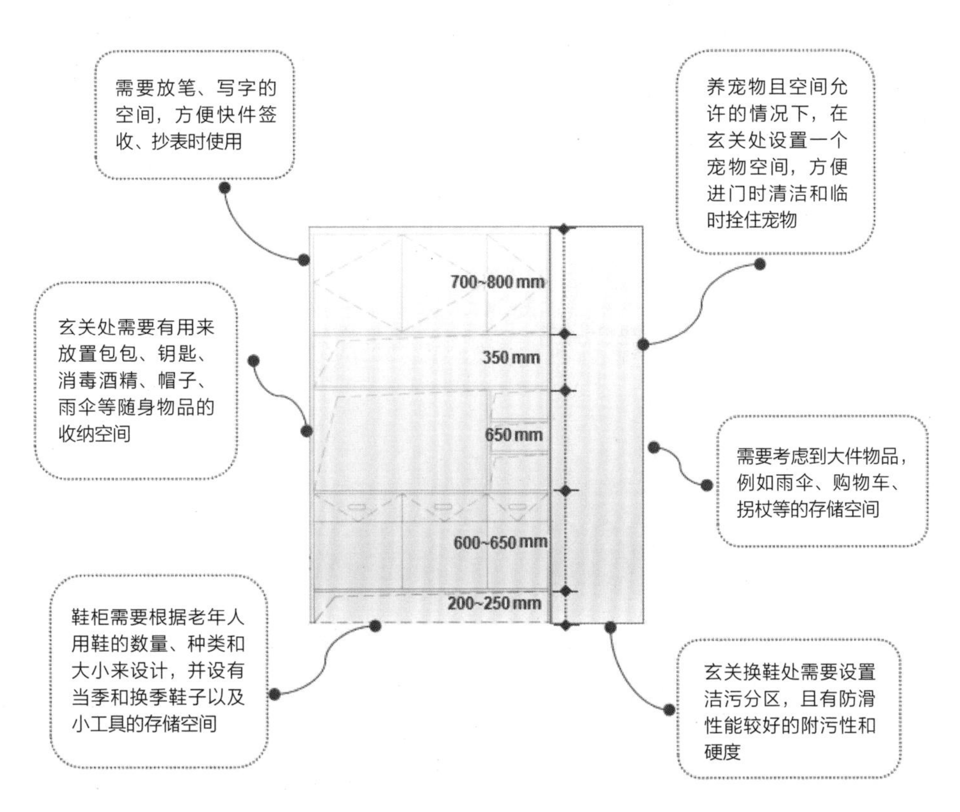

图 2-18　玄关空间的适老化收纳要点

3. 玄关的适老化家具的要求及选型

（1）适老化玄关柜设计展示

对于适老化的玄关柜设计，需要把握好以下知识要点，并可以对玄关柜做以下的规划设计，如图 2-19 ~ 图 2-21 所示。

● 玄关柜体整体规划

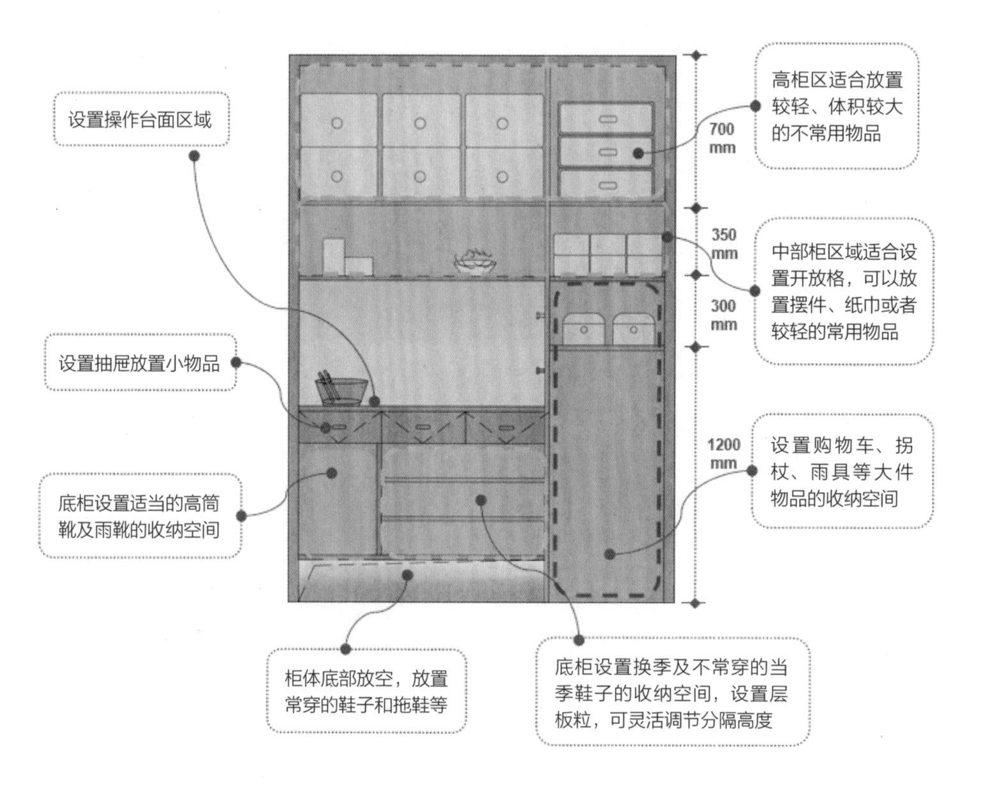

图 2-19　玄关柜体整体规划

● 玄关柜体细部说明

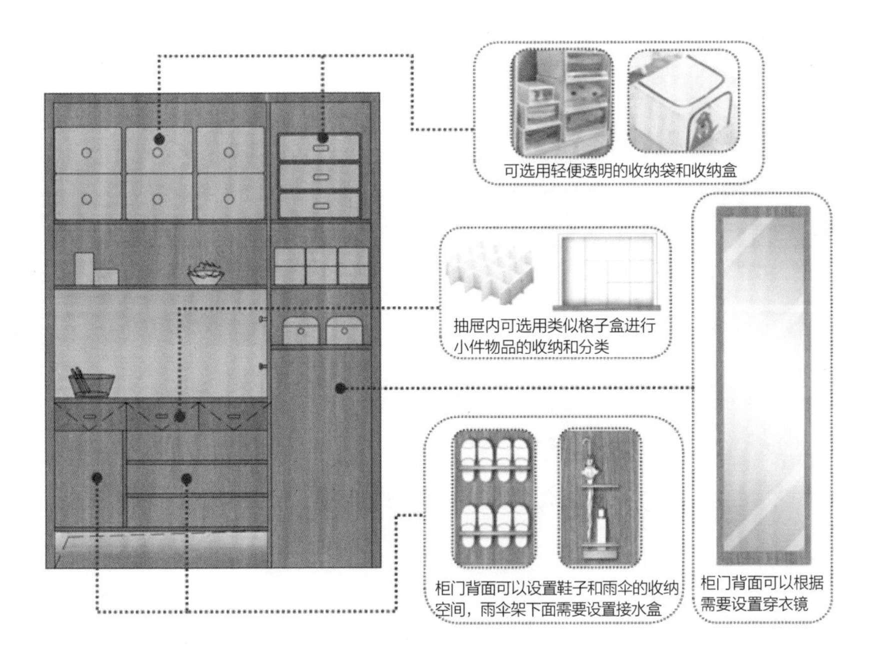

图 2-20 玄关柜体细部说明 1

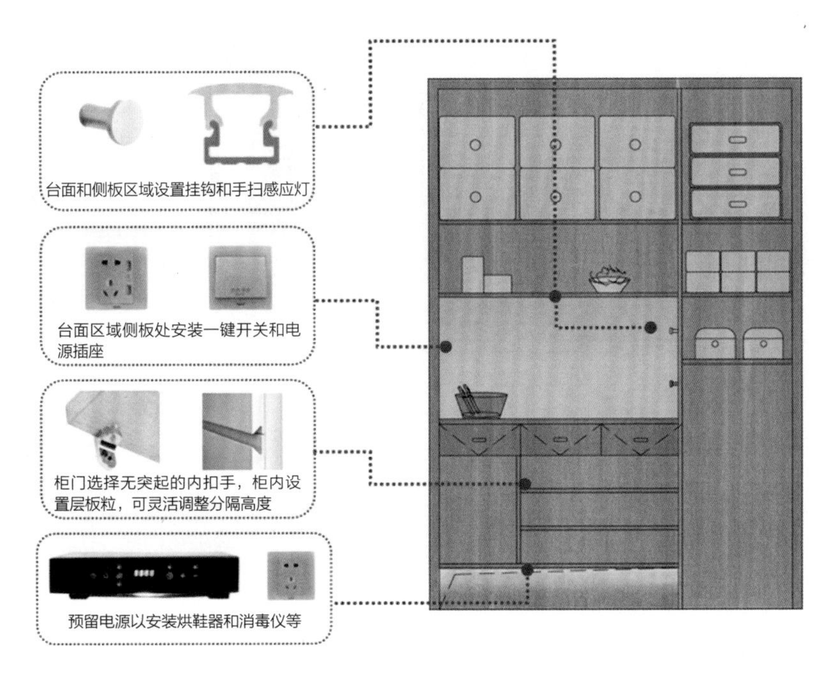

图 2-21 玄关柜体细部说明 2

（2）玄关内其他适老化家具介绍

玄关内的适老化家具，除了上述讲解的玄关柜，还有其他形式的家具，可以根据不同空间条件做不同的选型和设计，如图 2-22 所示。

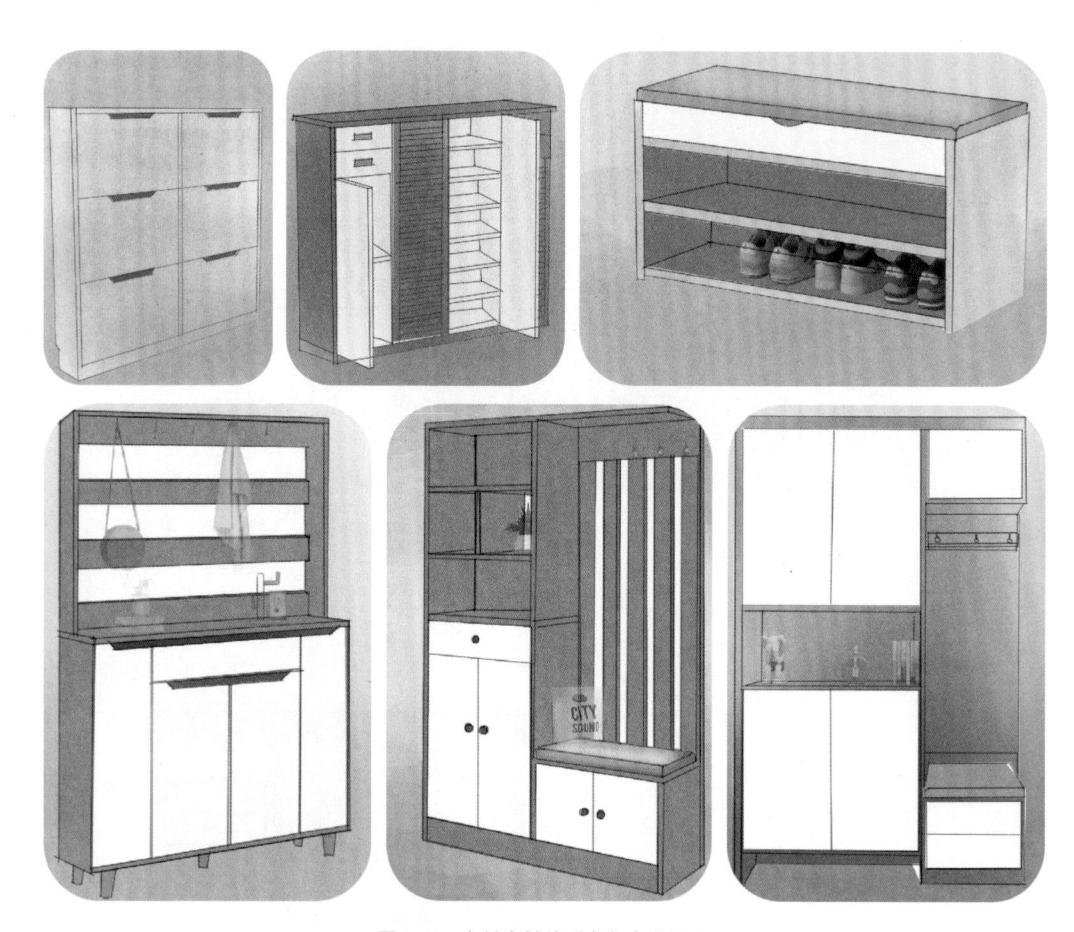

图 2-22　玄关内其他适老化家具展示

4. 玄关的适老化家居材料运用分析

（1）玄关内硬装材料运用分析

在进行适老化的硬装材料运用时，重点要了解其环保性能、防潮防霉性能、防滑防污性能。另外还要对材料的材质进行综合考量，尽量少用金属感强、反射感强的材料，例如金属、镜子、玻璃等，多选用材质温润、略带肌理感的材料，例如木质材料、扪布、涂料等。

图 2-23 所示是玄关区域目前较常见的硬装材料运用。

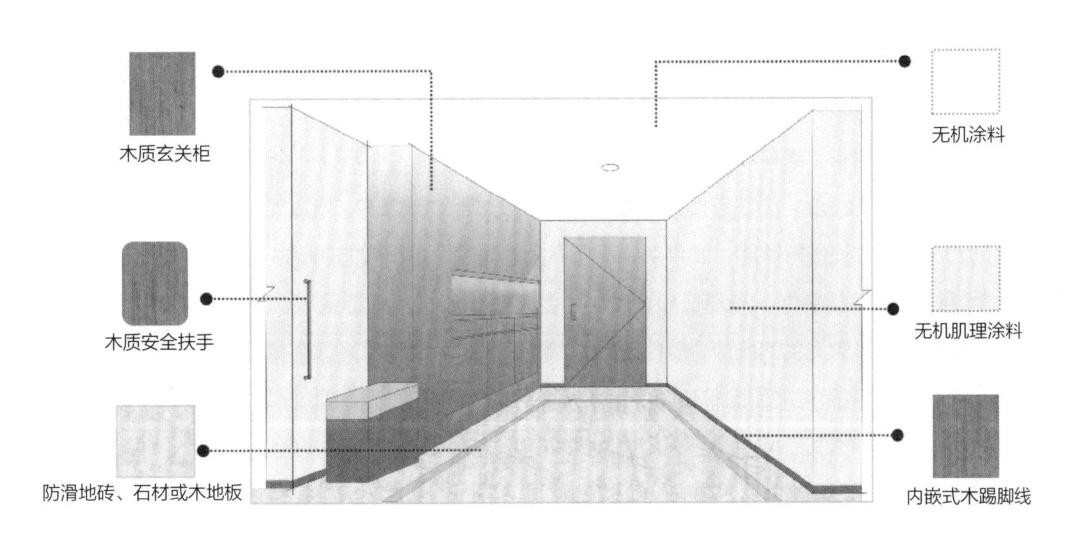

图 2-23　玄关内常用硬装材料运用

（2）玄关内软装材料运用分析

选取适当的软装材料，可以丰富玄关区域的功能，提升氛围感，给老人住宅增添更多的精神符号。对于适老化住宅的软装来说，需要体现实用感和一定的功能性，在材质组成上，同样要考虑环保性及舒适实用性。

图 2-24 列举出了玄关内的软装材料、家居用品及功能。

绿植，提升玄关内氛围

摆件，丰富空间趣味

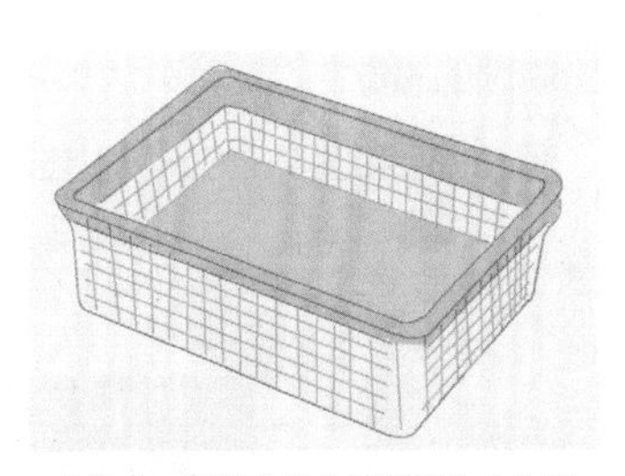

杂物盒，可以收纳台面常用的小物品

果盘、钥匙扣，可以盛放水果、零食及钥匙

端景台，增添空间仪式感

端景画，彰显修养和情怀

图 2-24　玄关内软装材料运用分析

5. 玄关的照明条件分析及灯具选择

（1）玄关的照明条件分析

随着年龄的增长，老年人的视力会逐渐减弱。因此，相比于年轻人，老年人在相同的环境中需要适当增强照明的亮度。往往自然光给老年人的感觉是相对舒服的，所以如果玄关空间条件允许，可以适当采用自然光进行照明，如果条件不允许，就要规划好空间的照明条件。

照明三要素包括色温、光通量和照度。色温是指光波在不同能量下，人眼所能感受到的颜色变化，用来表示光源光色的尺度，单位是 K；光通量简单地说就是光源在单位时间内发出的光量，单位是 lm；而照度是指被照面单位面积上所接受可见光的光通量，单位是 Lx，1 Lx=1 lm /m^2。

对于适老化的玄关空间，最好采用稍暖的偏自然光，在 3000 ~ 4500 K 为宜，既保证光线的舒适感，又能满足老年人的视线要求。而过暖和过冷的光都会对老人的眼睛产生一定的伤害，并且容易影响老年人的情绪。至于照度，要根据玄关空间的面积大小确定灯具的选型和数量，一般来说，适老化玄关空间需要 300 ~ 500 Lx 的灯具。

但在对玄关空间进行适老化照明设计时，最佳选择还是需要根据用户具体的需求、环境条件和个人偏好来确定。建议与专业的照明设计师或室内设计师合作，以确保最佳的照明效果和视觉舒适性。

（2）玄关的灯具选择

对于灯具的选择，应选择防眩光、防雾、防爆、耐用、易更换的灯具。主照明灯具选择漫反射的照明方式，局部照明可以使用筒灯，尽量少使用射灯，因为射灯是直接照射的照明方式，会容易产生刺眼的感觉。

图 2-25 和图 2-26 列举出玄关空间的两种灯具照明方式。

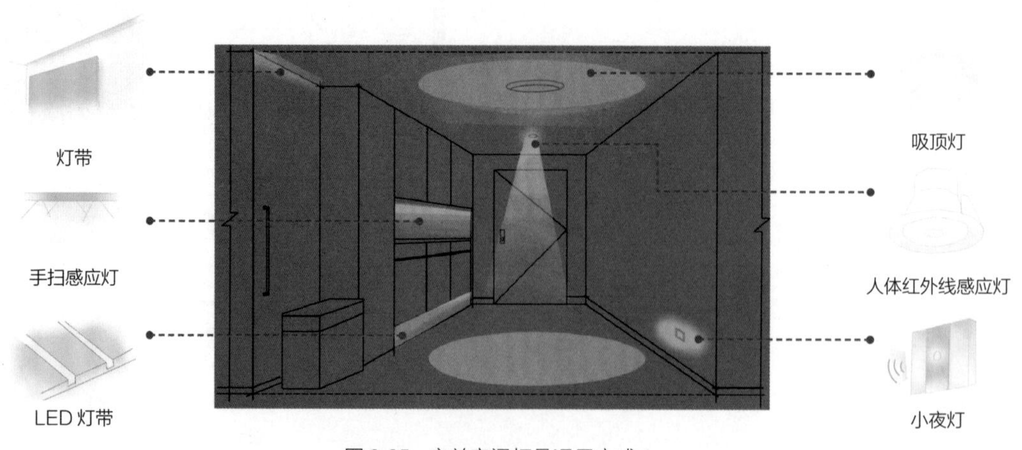

图 2-25　玄关空间灯具运用方式 1

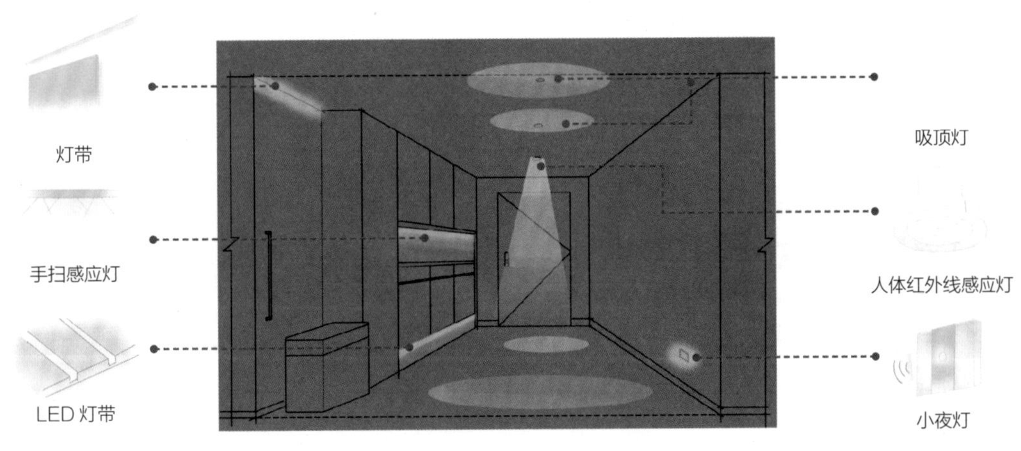

图 2-26　玄关空间灯具运用方式 2

6. 玄关的智能化的应用

玄关是家的出入口，这里的智能化设计要尽量方便实用，可以从出入门的便利性和日常安保方面进行智能化的重点规划设计。表 2-7 列举了玄关空间智能化设计的相关要点。

表 2-7　玄关空间智能化设计要点

种类	名称功能及相关要点	设备
安防智能化设置	吸顶式无线人体红外探头，用于检测人体活动和非法入侵及报警	
	无线监控摄像头，家人可以利用它通过 APP 进行远程监控及对话	
	门磁报警器，一般用于探测门、窗、抽屉等涉及人身安全或贵重物品的安全保护机制是否被非法打开或移动	
	紧急安全报警按钮	
其他智能化设置	智能一键开关（设置一键开关时，需要把冰箱回路单独控制）	
	空调智能开关	
	可视对讲电话（考虑到老年人的行动便利性，也可以将其安装在客餐厅区域）	

客餐厅的适老化设计原则及要点

客餐厅空间是日常起居、休闲、会客等的主要区域，在进行适老化的设计时，要充分考虑到操作的便利性和使用的舒适性。

1. 客餐厅内的适老化人体工程学

（1）客餐厅的适老化空间尺度分析

对于适老化客餐厅的空间尺度，除了满足老年人的人体工程学，在空间条件允许的情况下，尽量避免布局拥挤的现象，以免对老年人的活动形成障碍。图 2-27 所示是需要重点考虑的一些通道的尺度要点。

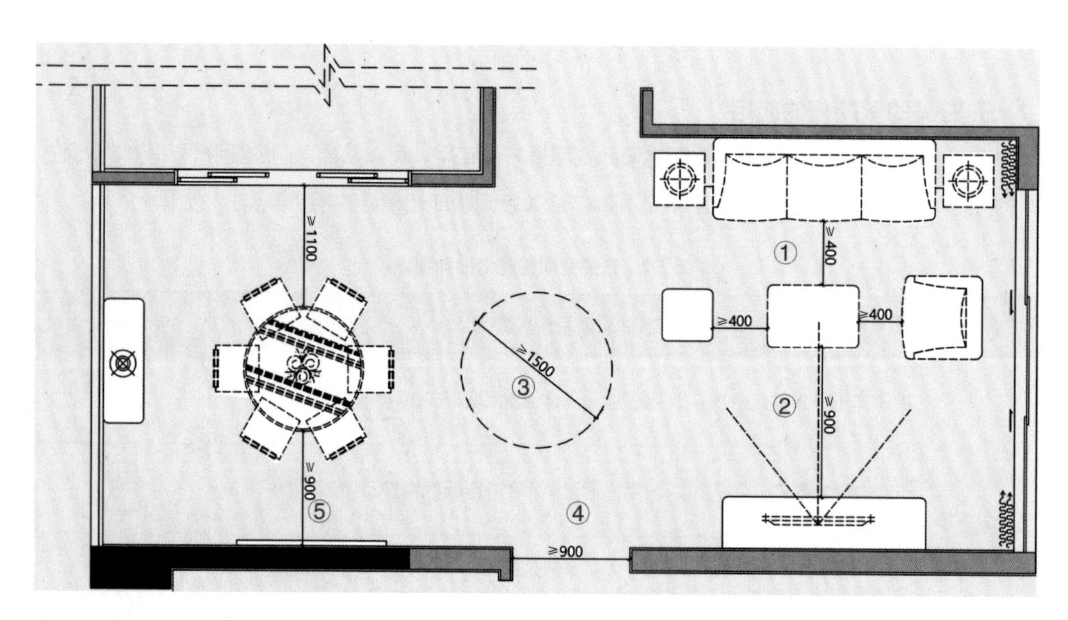

①沙发与茶几之间的距离需在 400 mm 以上，方便老年人坐下和起身。
②茶几和电视柜间的通道宽度需在 900 mm 以上，方便坐轮椅的老人通行。
③客餐厅之间需要预留轮椅转圈的距离，直径在 1500 mm 以上。
④室内过道的宽度要大于 900 mm。
⑤餐桌边与墙面的距离宜在 900 mm 以上，靠近主要通道的一侧，最好满足 1100 mm 以上。

图 2-27　客餐厅的适老化尺度要点

（2）客餐厅的家具使用尺度分析

表 2-8 列举了客餐厅常见的家具尺寸（坐垫高度均为 450 mm）。

表 2-8　客餐厅常见家具尺寸

品类	长度（mm）	宽度（mm）	品类	长度（mm）	宽度（mm）
单人沙发	700~1000	650~950	三人沙发	1800~2400	900~1000
双人沙发	1500~1900	900~1000	转角沙发	1600~3200	1600~1900
脚踏	600~800	600~800	贵妃榻	1600~2100	650~800
长茶几	1200~1500	600~800	边柜	600~800	600~800
方茶几	1000~1200	1000~1200	电视柜	1500~2500	350~500
圆茶几	直径 650~1200	—	餐椅	450~600	450~600
方桌	1500~1800	800~1000	圆桌	直径 1200~1500	—

而在日常家具使用的过程中，需要根据老年人的人体工程学来个性化设计各尺度的大小。如图 2-28 所示，坐轮椅的老年人在餐桌边用餐时，餐桌的台下高度和内空要满足一定的尺寸要求，才能让老人更加舒服地坐着轮椅用餐。

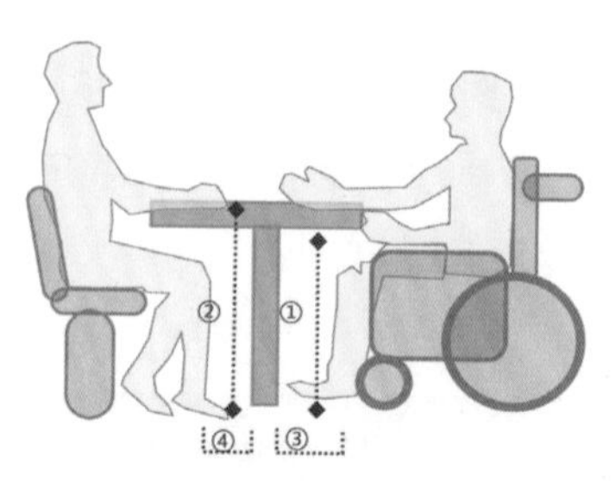

① 650~700 mm ② 750~800 mm
③ 600~650 mm ④ 250~300 mm

图 2-28 无障碍餐桌使用尺度要求

2. 客餐厅的适老化设置及注意事项

如图 2-29 所示，客餐厅的适老化要点可做以下归纳：

开关插座的高度：

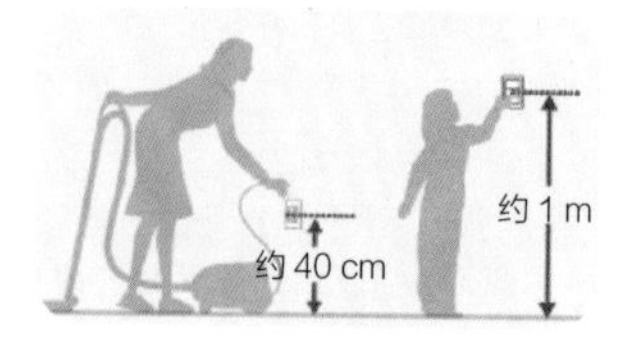

满足老年人的使用要求
插座：400 mm 开关：1000 mm

导向开关：

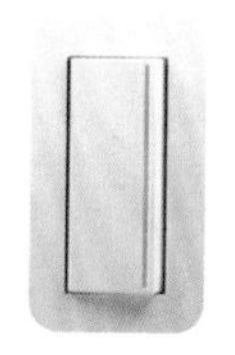

开关面积大且能自发光，方便老年人识别和使用

做好门窗的隔声：

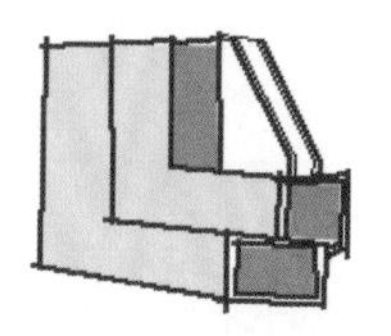

可采用双层中空玻璃，起到隔声隔热的作用

操作便利的餐边柜：

餐边柜的柜门尽量通透，便于老人看清里面的物品

光线充足，空间通透：

客餐厅区域尽量引进自然光，增添空间活力

安装智能窗帘：

用遥控器控制窗帘的开闭，便利又省力

灵活安装可视化对讲机：

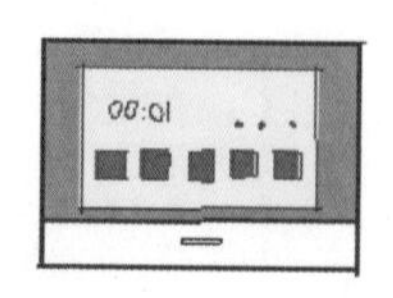

为了避免老年人急忙起身开门出现安全问题，可以将可视化对讲机安装在客餐厅区域

开关插座的选配：

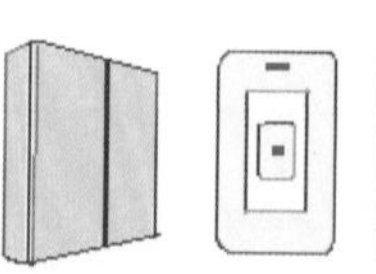

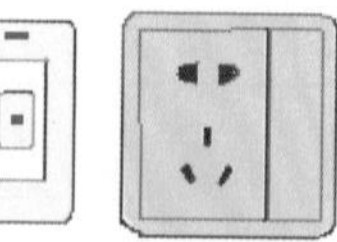

客餐厅区域适当安装双控或多控开关，并选取带开关的插座，避免频繁插拔电源，可增设紧急呼救系统

图 2-29 客餐厅适老化设计要点归纳

3. 客餐厅适老化家具的要求及选型

（1）适老化客厅家具设计展示

与常规的客厅家具相比，适老化家具更加讲究灵活性和功能性，在家具的设计及选型上，要考虑到老年人使用时会遇到的问题，从而对症解决，如图 2-30 所示。

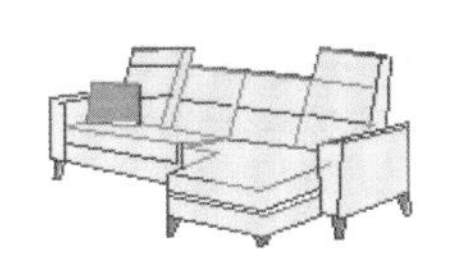

沙发宜选用质地较有韧性的面料，沙发内里不宜选用太软的材质，避免老年人久坐产生疲乏、精力不济之感。

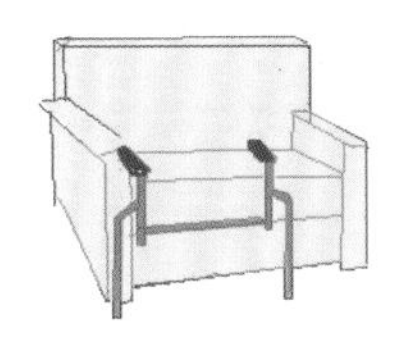

对于腿脚不便的老年人来说，最好准备相应的辅具，可以为老年人起身行走起到支撑作用。

选取单椅时，同样需要注重面料和内里的质感，不能选择太软的材质。另外，单椅的两侧需要带扶手，在老年人起身时起到支撑的作用。

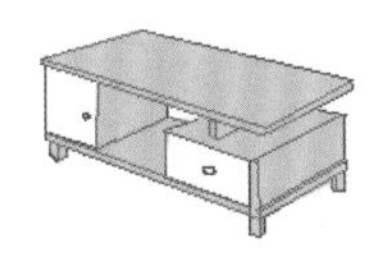

选择茶几的时候，既要有开放格子，又要有抽屉的功能。开放格子可以便于老人拿取物品，抽屉则便于老人储存小件物品，材质以木质为宜。

电视柜的选型同样要考虑开放收纳空间和抽屉式收纳空间，柜体的高度不宜太低，避免老年人拿取物品时弯腰。

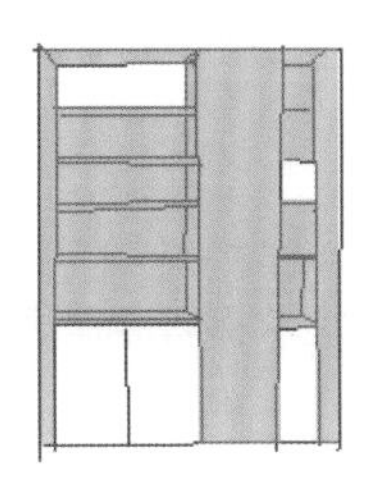

展示收纳柜应该以收纳地柜、台面、开放格子的结合为宜，既可储存物件，又可展示日常的物品和摆件。

图 2-30　适老化客厅家具选型分析

（2）适老化餐厅家具设计展示

如图 2-31 所示，餐厅的适老化家具设计，主要体现在餐桌椅组合和餐边柜上。

餐桌和餐椅宜选用木质材质，可以给老年人营造一种温润柔软的质感；家具边角处要做倒弧角处理，以免磕碰到老人；餐桌台下宜留空，便于坐轮椅的老人用餐。

餐边柜不宜太高，需要设置台面，便于老人操作；柜门最好选用透明的材质，便于老人看清柜内物品，方便拿取所需。

图 2-31　适老化餐厅家具选型分析

4. 客餐厅适老化家居材料运用分析

（1）客餐厅硬装材料运用分析

如图 2-32 所示，需运用雅致、温润的环保材料进行客餐厅空间的设计，同时要注重防滑、防潮、防霉的性能。

（2）客餐厅软装运用分析

对于客餐厅的软装来说，需要体现实用感和一定的功能性，在材质组成上，同样要考虑环保性及舒适实用性，如图 2-33 所示。

图 2-32　适老化客餐厅硬装材料介绍

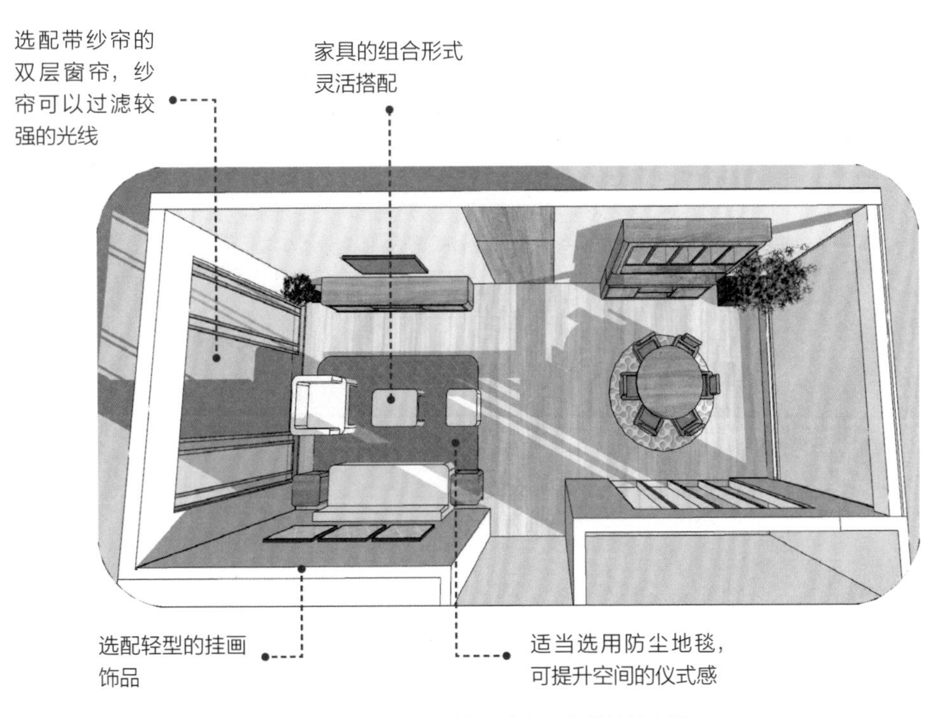

图 2-33　适老化客餐厅软装材料介绍

5. 客餐厅的照明条件分析及灯具选择

（1）客餐厅的照明条件分析

客餐厅需要尽量将自然光引进来，主空间要有主灯照明，局部空间需要增加辅助照明，适当的位置可以增加落地灯和壁灯的照明条件。

对于适老化的客餐厅空间，最好采用明亮的偏自然光的灯具，色温在3500～5000 K左右为宜，既保证光线的舒适感，又能满足老年人的视线要求。对于照度而言，要根据客餐厅空间的面积大小确定灯具的选型和数量。一般来说，适老化客餐厅空间需要500 Lx以上的照度，看电视休闲的时候，可以控制在500 Lx左右，读书看报的时候，则需要增加照度，也可以选择多档调节的灯具。

实践过程中，需要根据具体用户的需求、环境条件和个人偏好来确定，建议与专业的照明设计师或室内设计师合作，以确保最佳的照明效果和视觉舒适性。

（2）客餐厅的灯具选择

同样，应选择防眩光、防雾、防爆、耐用、易更换的灯具，主照明灯具建议选择漫反射的照明方式，局部照明可以使用筒灯，尽量少使用射灯，因为射灯采用直接照射的照明方式，容易产生刺眼的感觉。另外，沙发座位顶上尽量不设置筒灯和射灯，以免灯泡损坏给老年人造成安全隐患。

图2-34列举出了客餐厅空间的灯具组合方式。

图2-34　适老化客餐厅空间灯具运用方式

6. 客餐厅的智能化应用

客餐厅是家庭主要起居、休闲的地方，这里的智能化设计要尽量方便实用。表2-9列举了客餐厅空间智能化设计的相关要点。

表 2-9　适老化客餐厅的智能化设计要点

功能及相关要点	设备
窗户附近安装吸顶式无线人体红外探头，检测人体活动、非法入侵及报警	
无线监控摄像头，家人可以利用它通过 APP 进行远程监控及对话	
门磁报警器一般用于探测门、窗、抽屉等可能涉及人身安全或贵重物品的安全保护机制是否被非法打开或移动	
紧急安全报警按钮可安装在沙发区附近	
可视对讲电话（根据老年人的行动便利度，也可以安装在客餐厅区域）	
智能开关面板调节氛围模式	
智能窗帘可用遥控器控制开闭，便利又省力	
扫地机器人方便老年人居家清洁，需要选择含有缓冲防撞功能的产品	
智能插座可以定时控制电器的使用	
智能空气检测器可以不定时检测室内空气环境的质量	

厨房的适老化设计原则及要点

厨房空间是日常生活中使用频率较高，也是容易产生安全隐患的空间，在做适老化的设计时，对老人操作行为的安全防护问题要给予重点考虑。

1. 厨房内的适老化人体工程学

（1）厨房的适老化空间尺度分析

对于适老化厨房的空间尺度，首先要考虑好老年人在此活动的动线问题，再将各个功能区的尺度进行划分，确保老年人在此空间的活动能够顺利进行。

图 2-35 所示是厨房的空间尺度分析。

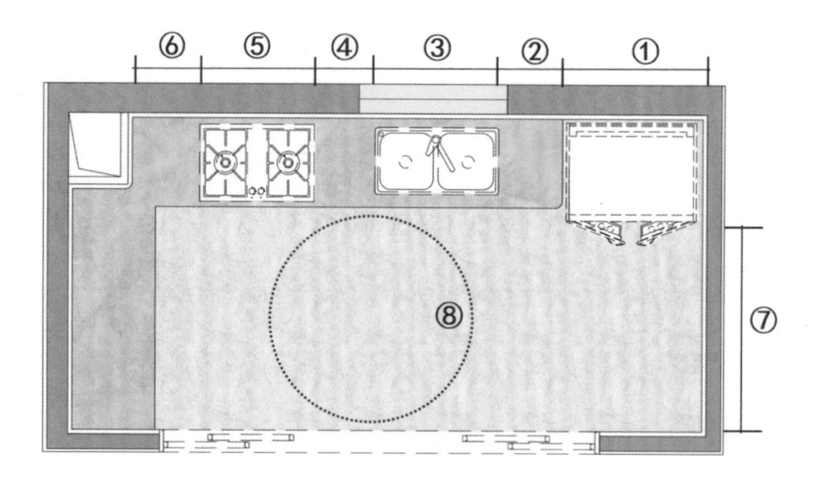

①双门冰箱位，≥ 900 mm；单门冰箱位，≥ 650 mm
②置物区：≥ 300 mm
③水槽区：双盆，≥ 750 mm；单盆，≥ 600 mm
④切菜区：≥ 600 mm
⑤烹饪区：≥ 750 mm
⑥盛盘区：≥ 300 mm
⑦过道宽度：≥ 900 mm
⑧尽量留足轮椅的转圈空间，直径不小于 1500 mm

图 2-35　厨房的适老化尺度分析

另外，对于厨房的操作动线，需要满足以下的流线，并根据不同的空间条件做不同的功能区分配，如图 2-36 所示。

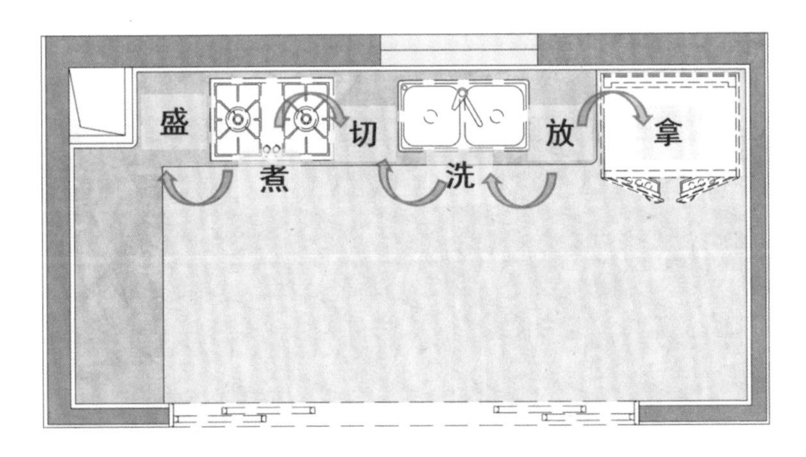

图 2-36　厨房的操作动线分析

（2）老年人在厨房内的行为研究及尺度要求

对于老年人来说，身体机能随年龄增长会有所变化，考虑到日后坐轮椅操作的需求，在设计橱柜时，其尺度要满足老人的各种行动需求，如图 2-37 所示。

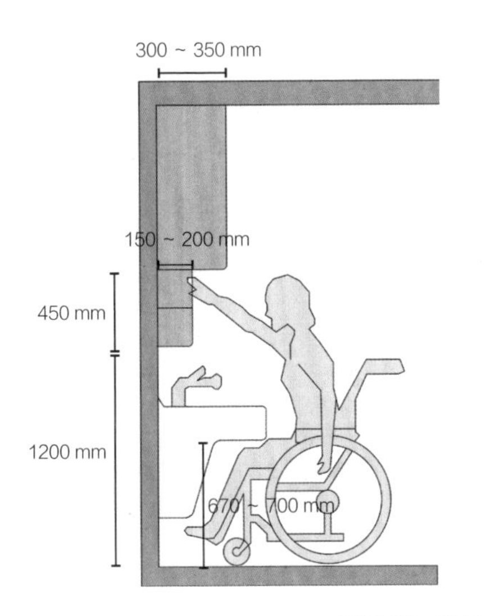

①对于老年人来说，650 ~ 1650 mm 是视线最容易看到且最容易操作的高度范围。
②操作台面高度可以设置在 800 ~ 850 mm，也可以通过高度 = 身高 ÷2 +（50 ~ 100 cm）的方法来计算。
③在 1200 ~ 1650 mm 高度设置中部柜，深度在 150 ~ 200 mm，方便老人在伸手可及的范围内拿取、存放常用物品 。
④吊柜的深度在 300 ~ 350 mm 为宜，避免因深度太大，老人打开柜门时需要往后退，不便于操作 。
⑤考虑到老人坐轮椅的情况，需要在地柜的局部做内凹的设计处理，保证老人可以坐着轮椅顺利操作，地柜底的空间高度为 700 mm 左右 。

图 2-37　适老化橱柜尺度分析

（3）厨房内适老化家具人体工程学

如图 2-38 所示，由于 650 mm 以下是需要弯腰才能够到的高度，所以这个位置宜放一些比较重的锅具、炉具和桶装油，防止其放在高处时不慎滑下砸伤人；而 900 ~ 1650 mm 是视野最好且操作最方便的高度，此位置可以设置台面，放置常用的小型工具、调味品等。

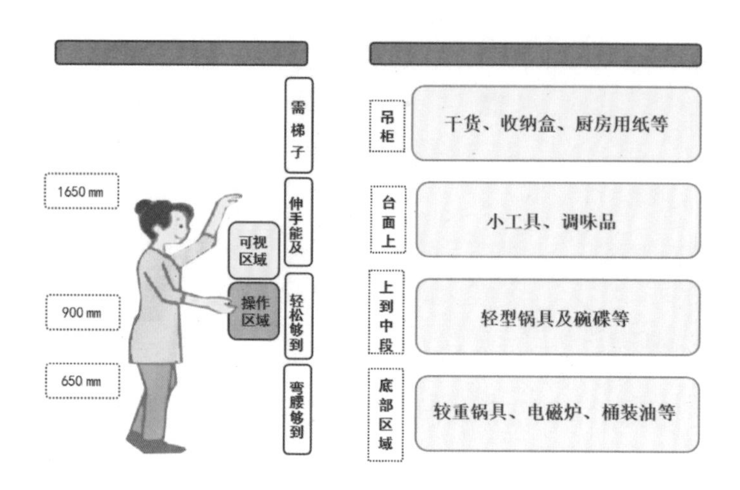

图 2-38　厨房内人体工程学分析

2. 厨房的适老化设置及注意事项

如图 2-39 所示，厨房的适老化要点可做以下归纳。

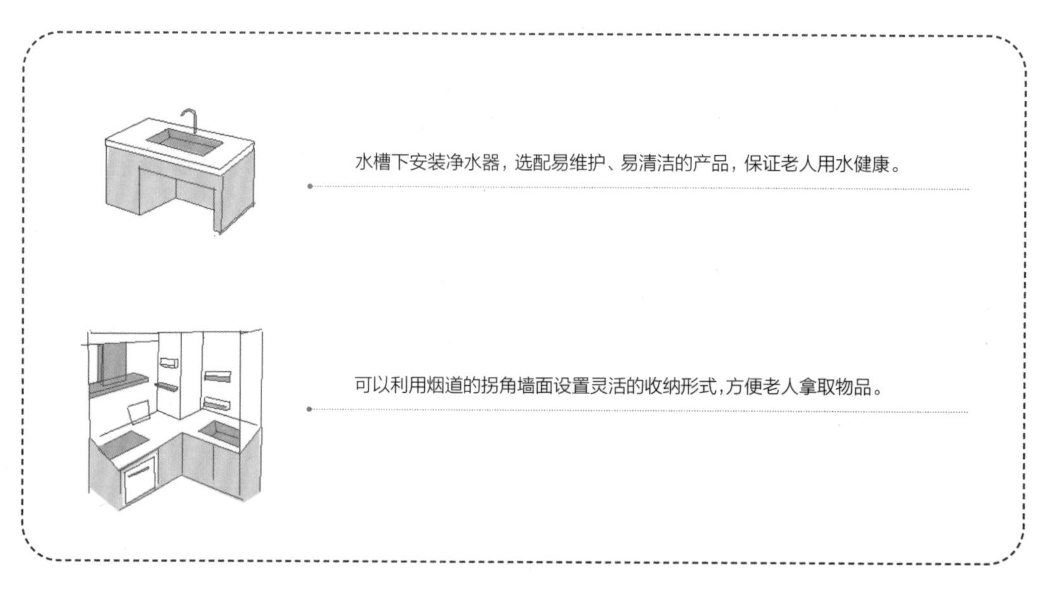

可根据需要，将水池下部局部留空，方便老人以坐姿操作。

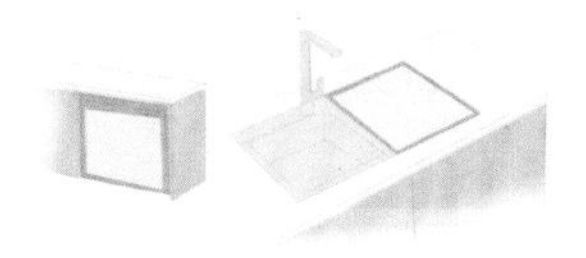

在条件允许的情况下安装洗碗机，既能减轻老人的负担，又起到节水、消毒的作用。

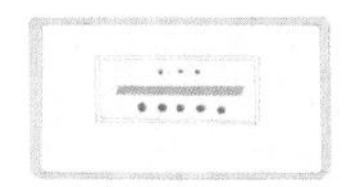

水槽处等涉水位置预装等电位端子箱，防止漏电。

选用可抽拉式水龙头，便于老人清洁水槽和其他物品。

窗户下部宜设置一段约 300 mm 高的固定窗扇，防止台面物品掉下窗户，同时可以避免内开式窗户开启时和水龙头产生冲突。

选用带开关的插座，水槽附近及涉水区域需要安装防溅盒。

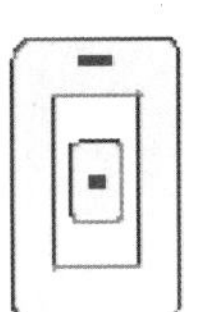

在厨房适当的墙面上安装安全紧急报警按钮，以备不时之需。

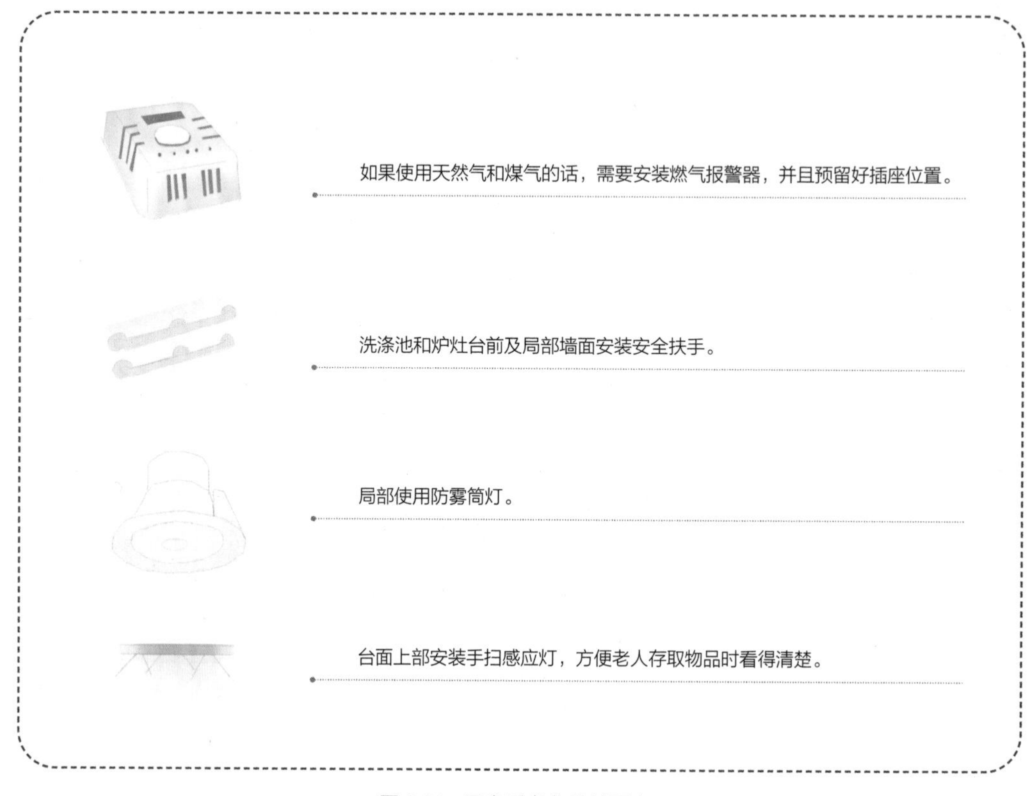

图 2-39　厨房适老化设计要点

3. 厨房空间适老化家具的要求及选型

（1）厨房空间适老化橱柜的设计

如图 2-40 所示，橱柜在厨房中起到至关重要的作用，集操作、收纳的作用于一体。对于适老化的橱柜设计，应尽量考虑老年人的身体特点，减少不便，使其在厨房空间的活动可以安全顺利地进行。

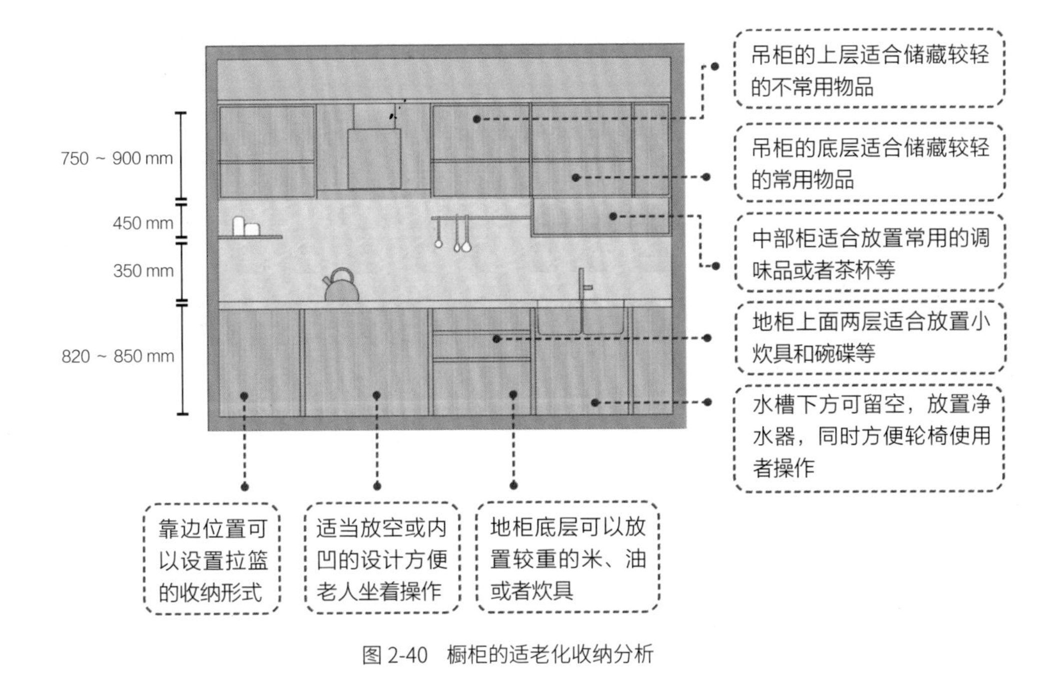

图 2-40　橱柜的适老化收纳分析

（2）厨房空间其他适老化产品介绍

图 2-41 ~ 图 2-44 列举了一些较有参考价值的厨房用品。在适老化的设计过程中，可以根据空间和使用者的实际情况进行考量。

· 采用可升降橱柜，以操作台面结合抽屉式收纳的方式，代替常规的地柜设计，可以满足全生命周期的人群使用，对于老年人来说，便利性大大增加。

图 2-41　可升降橱柜

·采用可升降轮椅，让腿脚不便的老人也能自如进行生活中的各种活动，老人的幸福感和成就感也会增强；浅U形的操作台面，使老人的操作效率更高，行动更加方便。

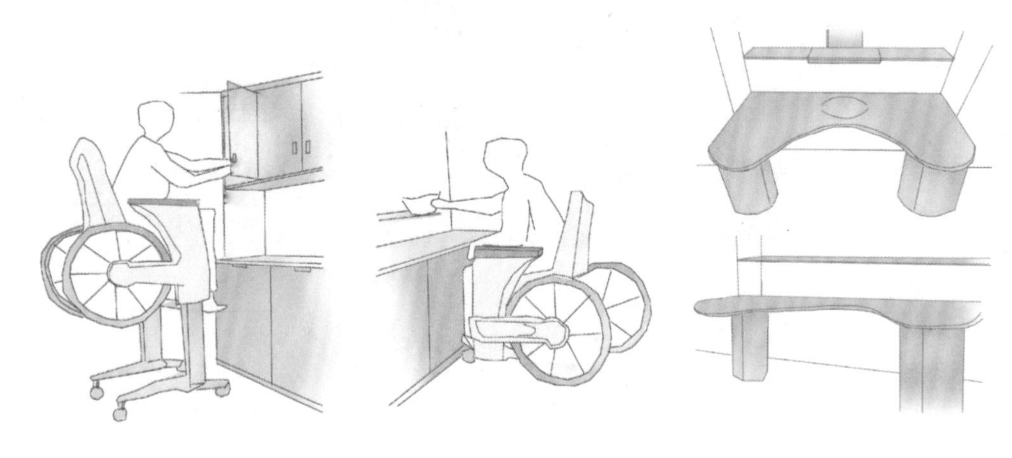

图2-42　可升降轮椅

·设置窄型拉篮内格，充分利用收纳空间；抽屉分隔宜“上小下大”，便于查看和拿取物品。

图2-43　拉篮和抽屉收纳

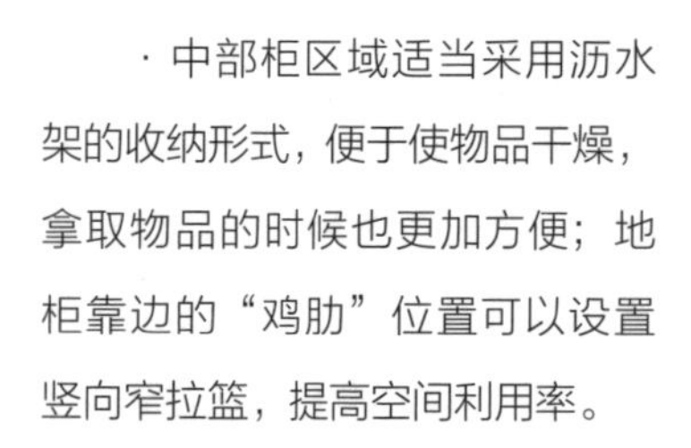

·中部柜区域适当采用沥水架的收纳形式，便于使物品干燥，拿取物品的时候也更加方便；地柜靠边的“鸡肋”位置可以设置竖向窄拉篮，提高空间利用率。

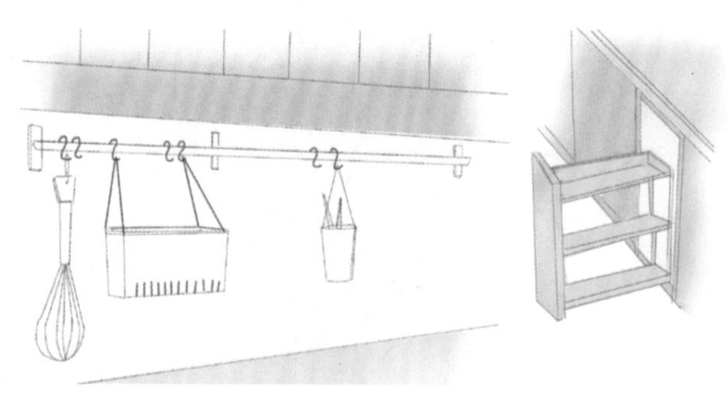

图2-44　橱柜的其他收纳空间

4. 厨房适老化家居材料运用分析

如图 2-45 所示，因为厨房油烟和水汽较多，所以厨房空间的硬装材料重点考虑材料的性能，防潮、防霉、防滑是需要考量的基本要点。

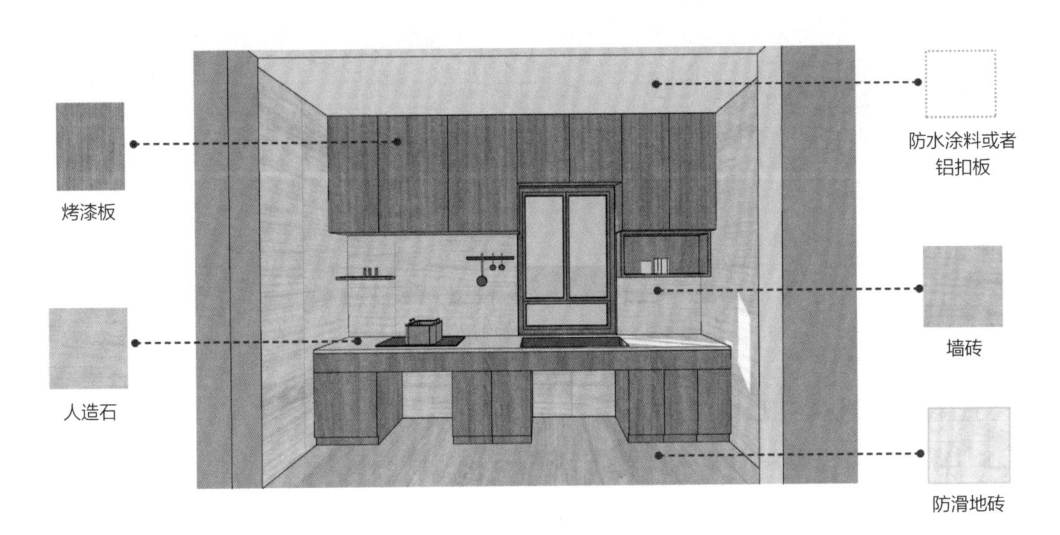

图 2-45　适老化厨房硬装材料运用

5. 厨房的照明条件分析及灯具选择

（1）厨房的照明条件分析

厨房空间除了有主要照明外，在一些靠墙的位置还要根据实际需要增加辅助照明。另外，对于橱柜的照明设计，需要考虑到老人操作时的便利性和可视性。适老化的厨房照明亮度在 500 ~ 800 Lx 为宜。

（2）厨房的灯具选择

厨房的灯具需要选择具有防雾、防爆功能的产品，如图 2-46 所示。

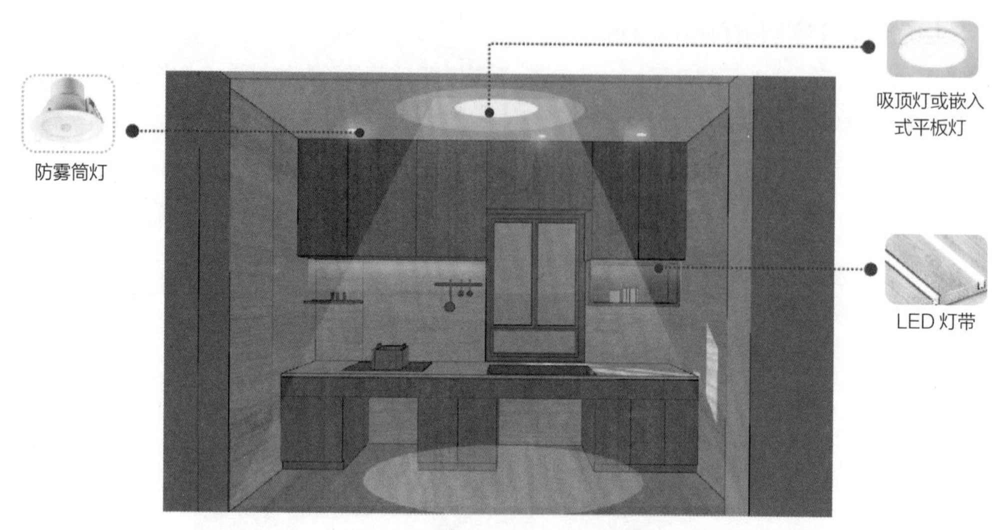

图 2-46　适老化厨房灯具运用

6. 厨房的智能化应用

厨房的智能化设备需要起到实用、方便、安全的作用，表 2-10 列举了厨房空间智能化设备及设计的相关要点。

表 2-10　适老化厨房智能化设计要点

功能及相关要点	设备
无线监控摄像头，家人可以利用它通过 APP 进行远程监控及对话	
紧急安全报警按钮为老人提供救护保障	
烟雾报警器在探测到烟雾时能够迅速响应并发出高分贝警报声，还可以及时向消防部门或家人发送求救信号	
智能插座有定时、预约、APP 控制等功能	
燃气报警器监测到空气中的泄露气体会自动报警	
智能化电器需根据老人的实际接受程度来使用	

卫生间的适老化设计原则及要点

由于卫生间的空间相对较小，其在日常生活中所需要提供的功能服务又较多，同时卫生间属于涉水区域，对于老年人的使用情况来说，尤其要注重卫生间的空间安全性和便利性，所以在做适老化设计时，对各个功能区域以及洁具、辅助工具的各项细节要点应格外熟悉。

1. 卫生间的适老化人体工程学

（1）适老化卫生间的空间尺度分析

在规划适老化卫生间的空间布局时，首先要考虑干湿分区的问题，因为一旦干湿区域互相干扰，老年人使用时就会容易出现滑倒和摔跤的危险。另外，还要对各个功能模块的人体工程学进行研究。图 2-47 对适老化卫生间的空间分配和功能尺度进行了介绍。

①如下图所示，列举了台盆区域尺度要求。
②如下图所示，列举了淋浴区域尺度要求。
③如下图所示，列举了坐便器区域尺度要求。

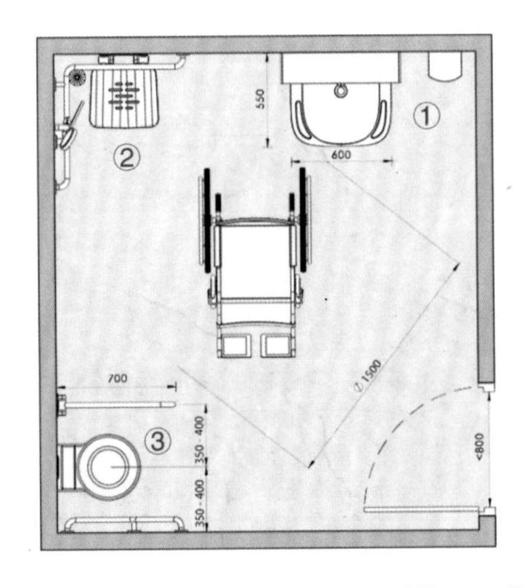

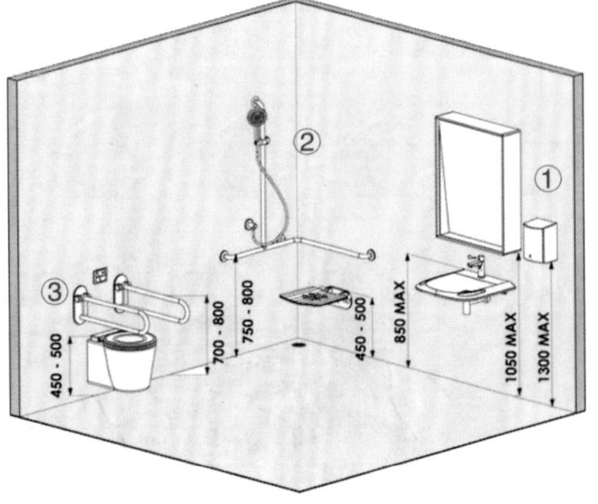

图 2-47　适老化卫生间尺度要求

（2）适老化卫生间的行为研究分析

如图 2-48 所示，对老年人使用卫生间时的不同行为进行研究分析。在实际设计实践中，要将老年人的各种行为考虑在内。

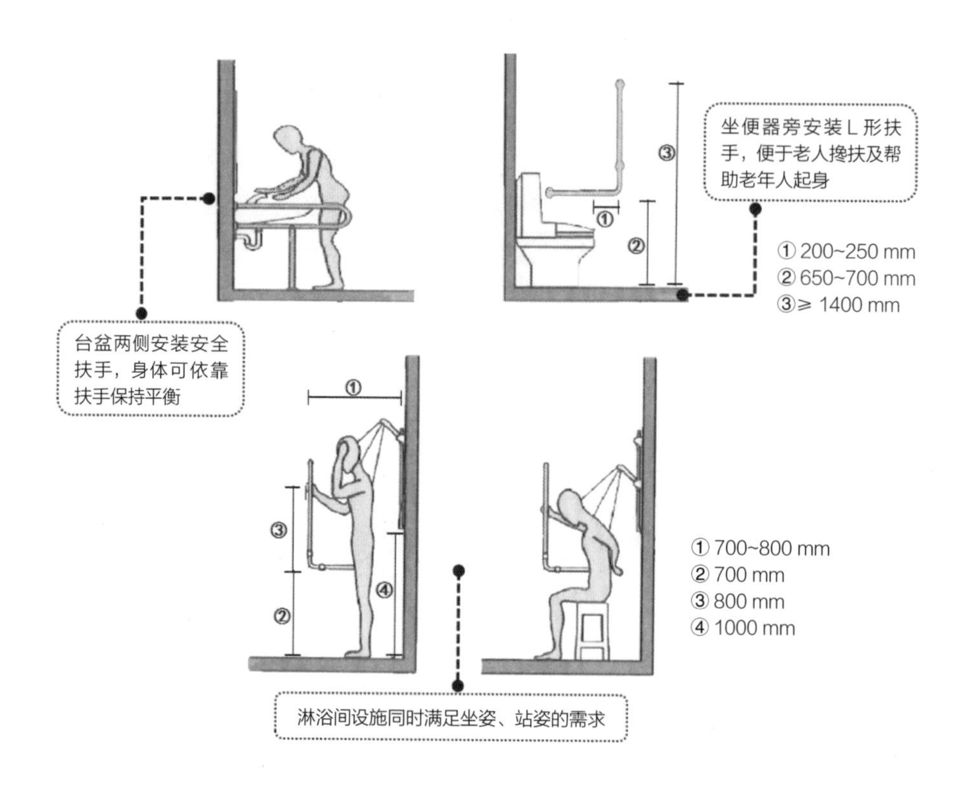

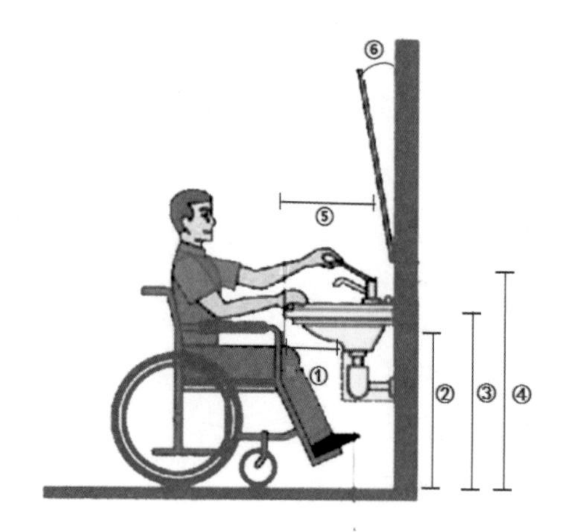

图 2-48　适老化卫生间的行为和尺度研究

2. 卫生间的适老化设置及注意事项

如图 2-49 所示，卫生间的适老化设计设计要点可做以下归纳：

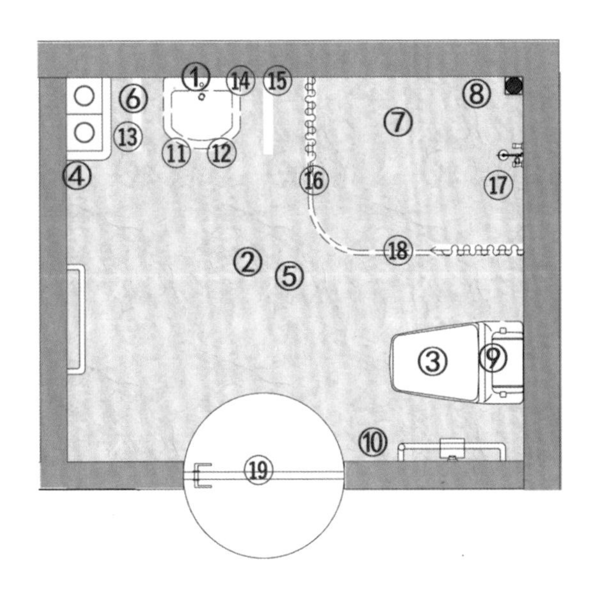

① 卫生间除安装顶灯之外，还需安装镜前灯。

② 卫生间的主灯应有足够的亮度照亮全屋。

③ 坐便器上方加灯方便照明，灯具需要有防水、防雾性。

④ 设置一定的储物空间，放置卫生纸等物品。

⑤ 卫生间应安装加热器或暖风机，保证在如厕、洗浴时室温均能在控制范围内，且注意防溅。

⑥ 设置置物台，放置洗浴用品。

⑦ 淋浴间内应有坐浴凳。

⑧ 地漏应设在淋浴间里侧的角落。

⑨ 尽量安装智能坐便器，有利于保持卫生。

⑩ 坐便器旁边的墙上应设置扶手和紧急呼叫器。

⑪ 洗手台下方留空，便于老人坐着洗漱，台盆下方安装等电位端子箱防漏电。

⑫ 采用浅台盆，便于轮椅直接嵌进去，台盆前沿设置扶手，方便老人坐在轮椅上操作。

⑬ 洗手台旁需要安装防水插座等，供老人使用吹风机等小家电。

⑭ 为方便老人坐着照镜子，镜子不宜设置过高，底部以距台面 150 ~ 200 mm 为宜。

⑮ 设置镜柜以增加储物空间。

⑯ 淋浴间的隔断宜采用帘子，使淋浴空间更加灵活。

⑰ 选用恒温龙头和恒温花洒，解决水温忽冷忽热的问题。

⑱ 消除卫生间地面的高低差，通过找坡等形式解决挡水问题。

⑲ 卫生间的门要选择内外双开型，门上应有观察窗。

图 2-49　卫生间适老化设计要点

3. 卫生间空间适老化产品的要求及选型

随着卫生间适老化产品的更新迭代，市面上出现了较多针对老年人的使用情况而设计的适老化产品。以下对目前常见且实用的一些适老化产品设计进行介绍分析，如图 2-50 所示。

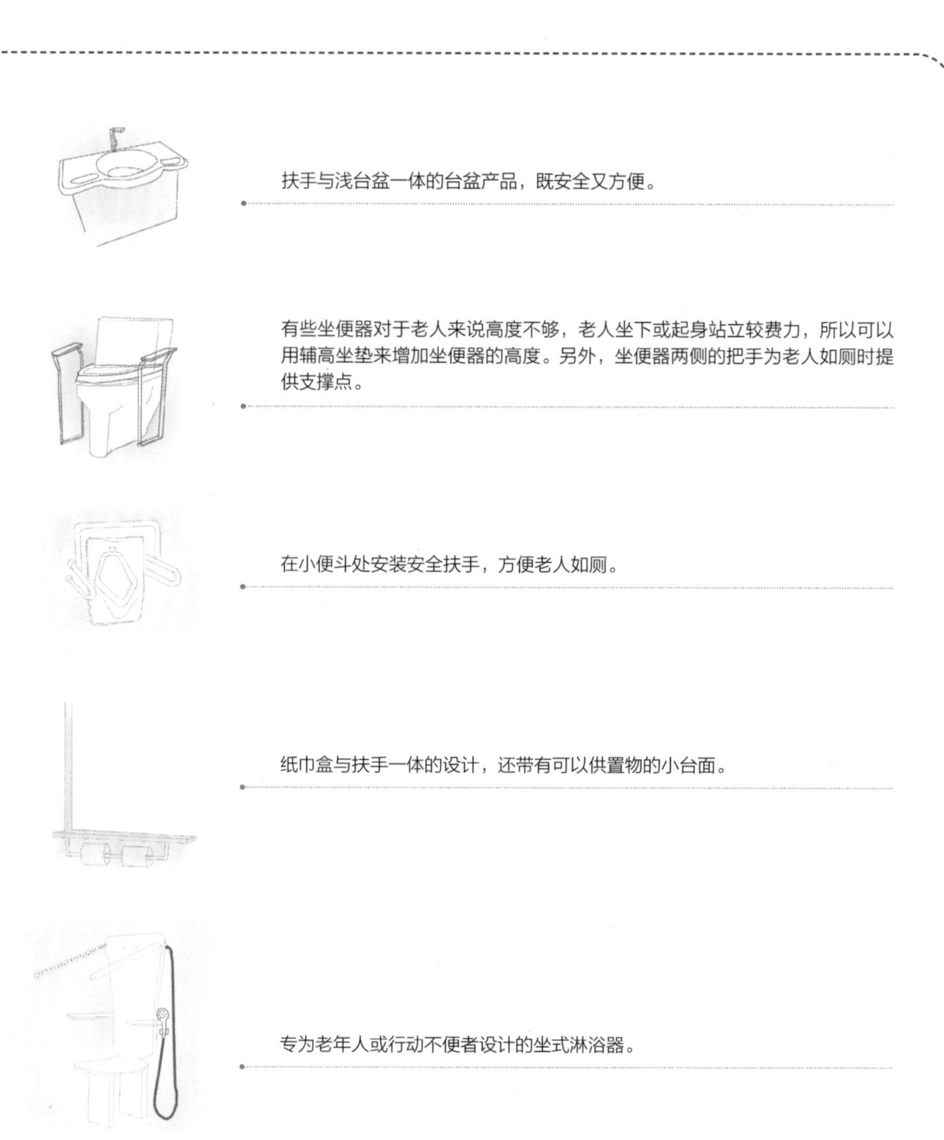

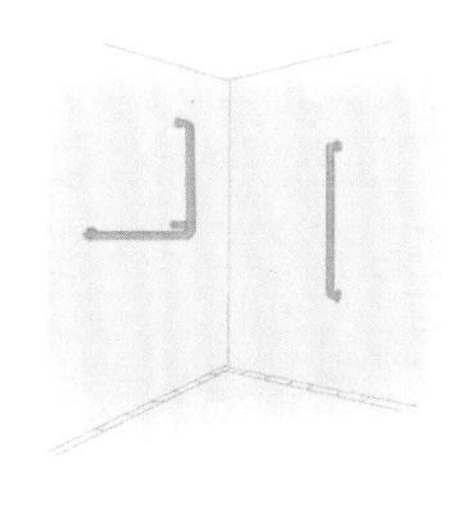

卫生间的扶手形式有多种，可以根据空间条件和实际使用需求进行安装。

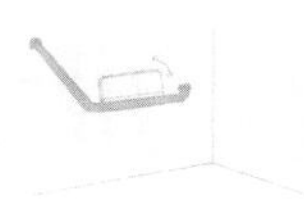

可收放小桌板与扶手的结合设计，满足老人如厕时的多种操作需求。

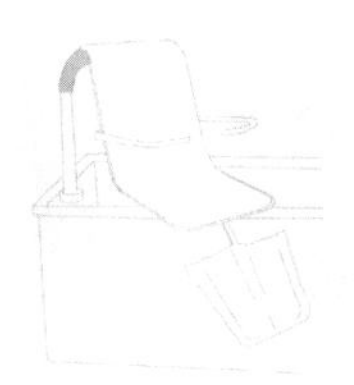

在进行适老化改造的卫生间，浴缸改淋浴的时候，可以在浴缸上安装辅助座椅，方便老人起身及坐浴。

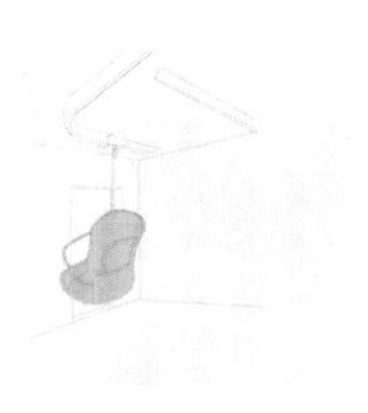

对于行动不便的老人，可以在卫生间安装辅助滑轨，方便护理人员对老人的照料。

可以在淋浴区的墙上安装可折叠坐浴凳，不占用过多的空间，方便老人淋浴时使用。

图 2-50　适老化卫生间常见产品介绍

4. 卫生间适老化家居材料运用分析

适老化卫生间硬装材料运用如图 2-51 所示。因为卫生间的水汽较多，所以在硬装材料的选择上，应重点考虑材料的性能，防潮、防霉、防滑是基本的考量要点。

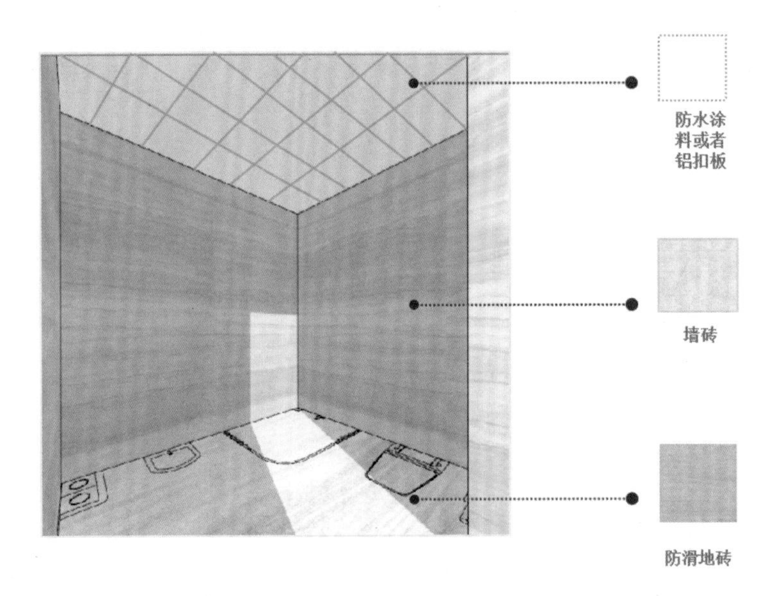

图 2-51　适老化卫生间硬装材料运用

5. 卫生间的照明条件分析及灯具选择

（1）卫生间的照明条件分析

卫生间的适老化照明条件，需要满足照亮全屋的亮度。除了主照明，还要在坐便器上方安装辅助照明，方便老人如厕操作，使老人看得清自己的排泄物，及时发现异常问题。另外，还需要安装镜前灯，方便老人洗脸等操作。适老化的卫生间照明照度需要在 500 ~ 800 Lx。

（2）卫生间的灯具选择

适老化卫生间的灯具需要选择具有防雾、防水、防爆功能的产品，如图 2-52 所示。

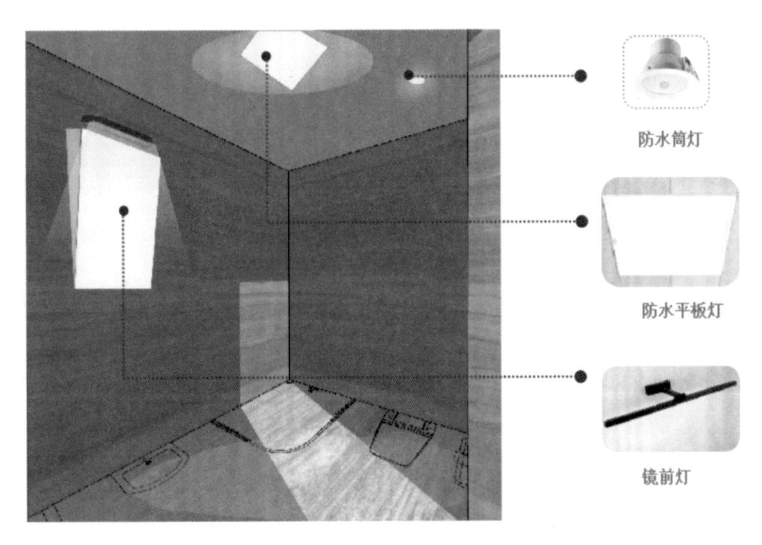

图 2-52　适老化卫生间灯具运用

6. 卫生间的智能化应用

卫生间的智能化设计需要起到实用、方便、安全的作用。表 2-11 列举了适老化卫生间智能化设计的相关要点。

表 2-11　适老化卫生间智能化设计要点

功能及相关要点	设备
安装智能坐便器，方便老人如厕清洁，并且要预留好防溅电源	
紧急安全报警按钮可为老人提供救护保障	
智能毛巾架可以对老人的毛巾和衣物进行消毒烘干	
感应洗手液等可提高使用时的便利性	
智能风暖浴霸可以用遥控或通过 APP 控制	

卧室的适老化设计原则及要点

卧室空间主要是供老人休息睡觉的服务空间。此外，在空间允许的情况下，往往还会带有起居、休闲的区域，特别是对于多代同居的家庭来说，卧室是老人使用较多的空间，通常还需要配备套卫的功能。因此，卧室空间在适老化设计的实践中，需要设计师将空间动线、空间尺度和功能模块等进行周全的考虑。

1. 卧室的适老化人体工程学

（1）适老化卧室的空间尺度分析

如图 2-53 所示，以带有套卫的卧室形式为例，进行空间尺度的分析。

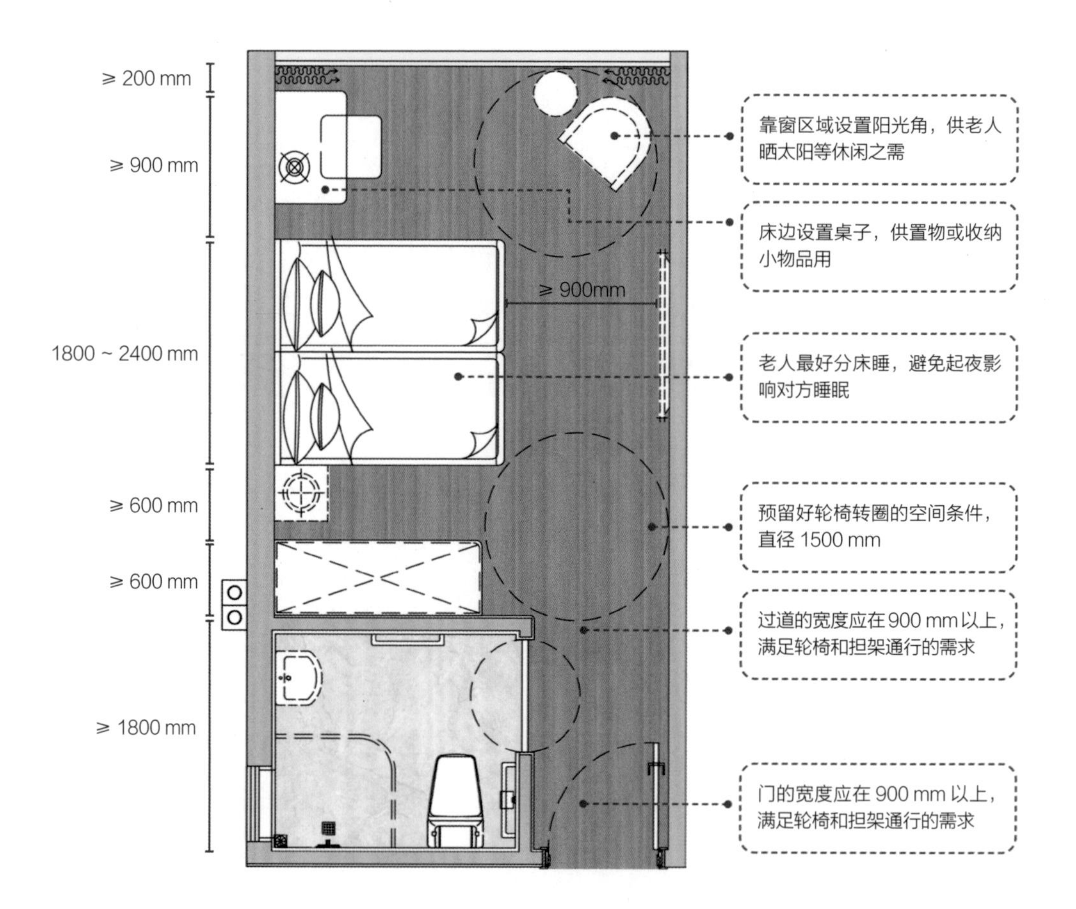

图 2-53　适老化卧室尺度分析

（2）适老化卧室内的行为研究分析

图 2-54 所示是老年人在卧室空间的行为研究，分别对轮椅使用者和非轮椅使用者两种情况进行分析。

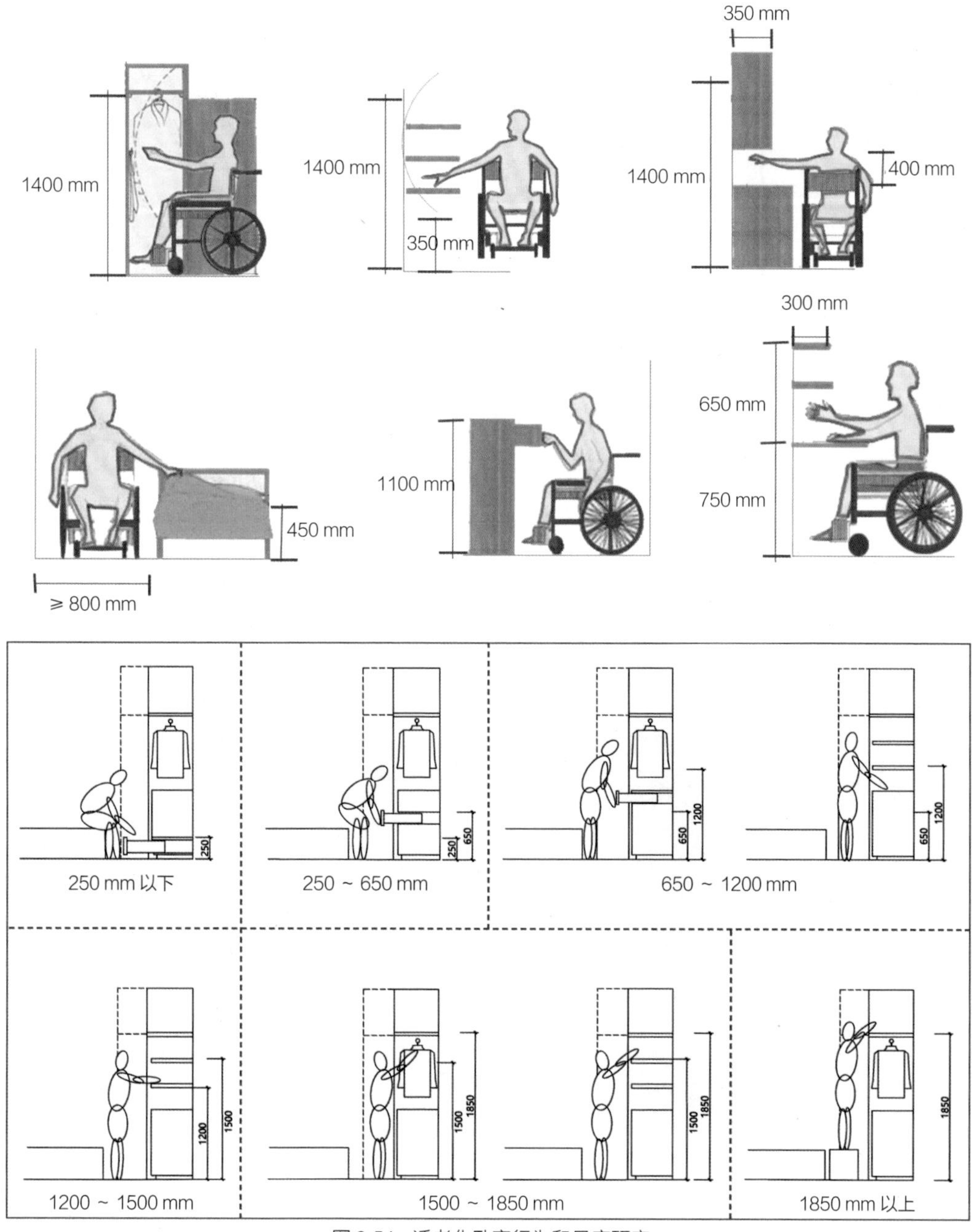

图 2-54　适老化卧室行为和尺度研究

（3）适老化卧室家具的人体工程学

如图 2-55 所示，以衣柜为例，进行卧室空间内家具的人体工程学分析。

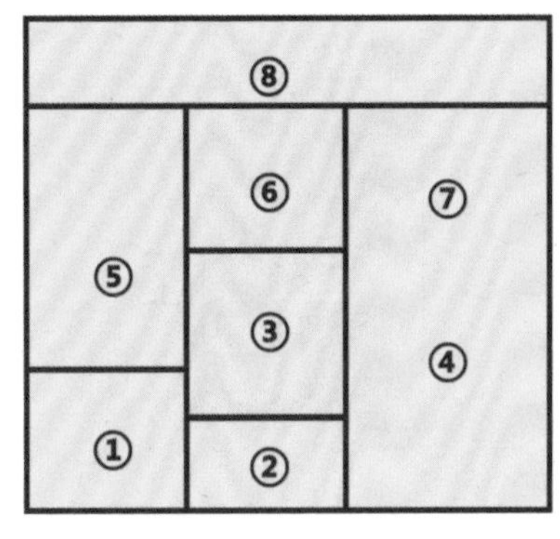

图 2-55　衣柜的收纳尺度分析

2. 卧室的适老化设置及注意事项

如图 2-56 所示，卧室的适老化要点可做以下归纳：

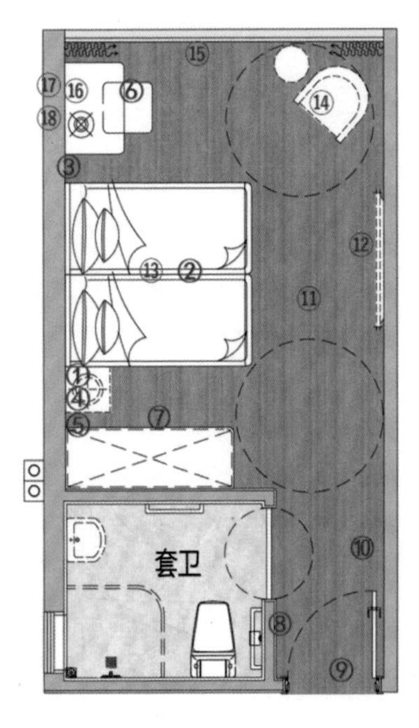

① 卧室主灯宜设双控开关，其中一处靠近床头，方便老人在床上开关灯。
② 卧室整体照明高度宜较高，保证老人晚间活动的安全，宜安装吸顶灯及安全、防眩的灯泡。
③ 床头宜设紧急呼叫器，保证老人在床上触手可及。
④ 小电器插座位于床头柜之上。
⑤ 床头柜宜略高一些，可设置明格或抽屉，便于老人看清、翻找常用的物品。
⑥ 卧室内应有靠背椅，便于老人放置脱下的衣物。
⑦ 衣柜前方应预留足够的取衣、置物的空间。
⑧ 主灯的开关设在门开启侧的墙面上，空间充足些。
⑨ 卧室出入口处不宜设置狭窄的拐角，以防紧急救护时担架出入不便。
⑩ 门后宜留出一定的挂衣物的空间。
⑪ 老人的卧室进深一般略深，一方面方便老人分床睡，另一方面方便轮椅的通行，还可以给房间腾出一块空旷的位置。
⑫ 电视的高度应考虑老人躺下观看电视时的舒适性。
⑬ 老人宜分床或分房休息，避免由于夜晚起身、翻身或打鼾给对方造成干扰。
⑭ 需要在卧室内设置阳光角或者落地凸窗，便于老人在房间内晒太阳。
⑮ 空调不宜直接吹向床头及老人的座位。
⑯ 老人床边最好有较大的台面，供老人放置水杯、眼镜、药品等物品。
⑰ 床头柜上宜设台灯，方便起居阅读补充光源。
⑱ 台灯插座及其他接口应设在桌子之上。

图 2-56　卧室的适老化设计要点

3. 卧室空间适老化家具的尺寸要求及选型

（1）卧室适老化家具尺寸要求分析

卧室内的家具要注意结合老年人的身体特点和人体工程学进行选配，如图 2-57 和图 2-58 所示，对卧室内的一些适老化家具尺寸进行介绍。

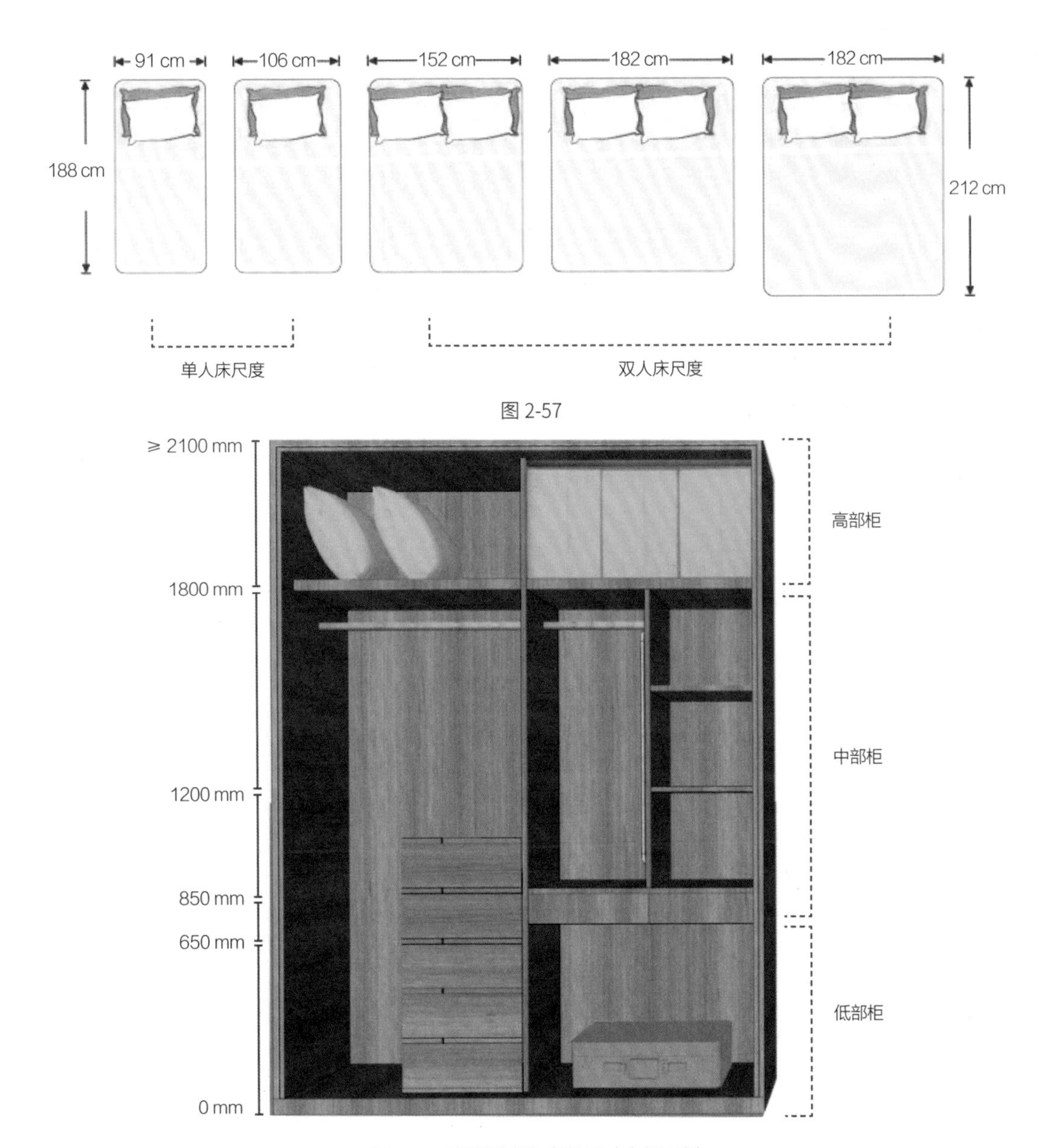

图 2-57

图 2-58　卧室适老化家具尺寸介绍示例

（2）其他卧室适老化家具介绍

如图 2-59 所示，市面上有较多做得非常好的适老化家具，在家具选配时可以参考。

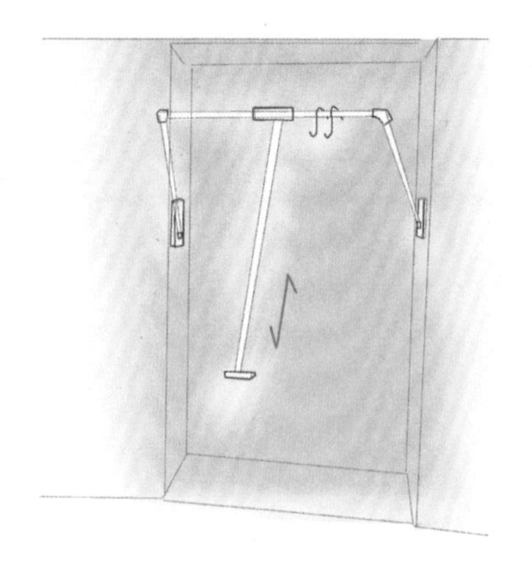

对于轮椅使用者而言，可以在衣柜里设置可拉伸挂衣竿

选配床时，需要选择带支撑扶手和护栏的产品

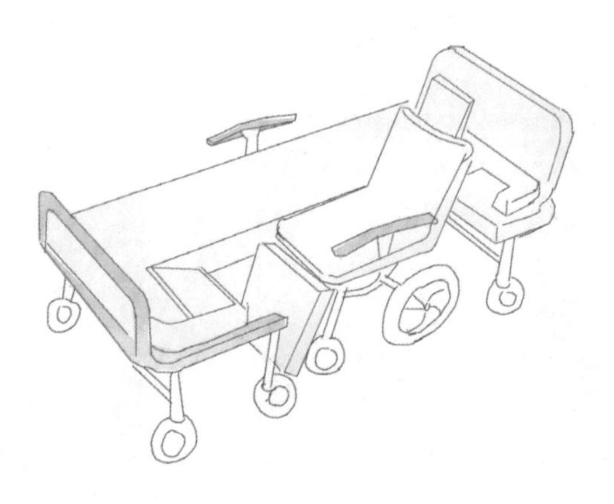

如果老人起身不便，还可以选配这样的轮椅床

图 2-59 卧室其他适老化家具介绍

4. 卧室适老化家居材料运用分析

（1）卧室硬装材料运用分析

如图 2-60 所示，因为卧室空间主要是老人休息睡觉的地方，所以在空间材料的运用中，在注重环保性的同时，更应考虑舒适性和具有柔和质感的材料。

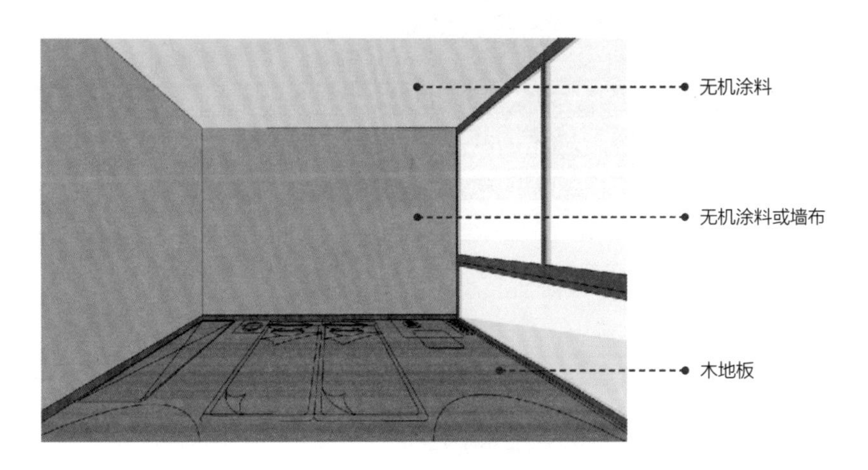

图 2-60　适老化卧室硬装材料介绍

5. 卧室的照明条件分析及灯具选择

（1）卧室的照明条件分析

因为卧室区域主要是供老人休息睡觉的地方，所以照明方式宜采用柔光照明，但是不宜选择昏黄的灯光，同时，应尽量利用自然光进行室内光线的补充。适老化的卧室照明照度需要在 150 ~ 300 Lx，或者选择多档可调节的灯具。

（2）卧室的灯具选择

卧室的主灯尽量避免使用较大型或者较重的吊灯，以吸顶灯为宜。在局部需要辅助照明的地方，可增设落地灯、壁灯、筒灯和灯带。筒灯应避免安装在床头处，以免灯泡爆裂或者出现故障对老人造成安全隐患，灯具需要具有防眩、防爆功能。如图 2-61 所示。

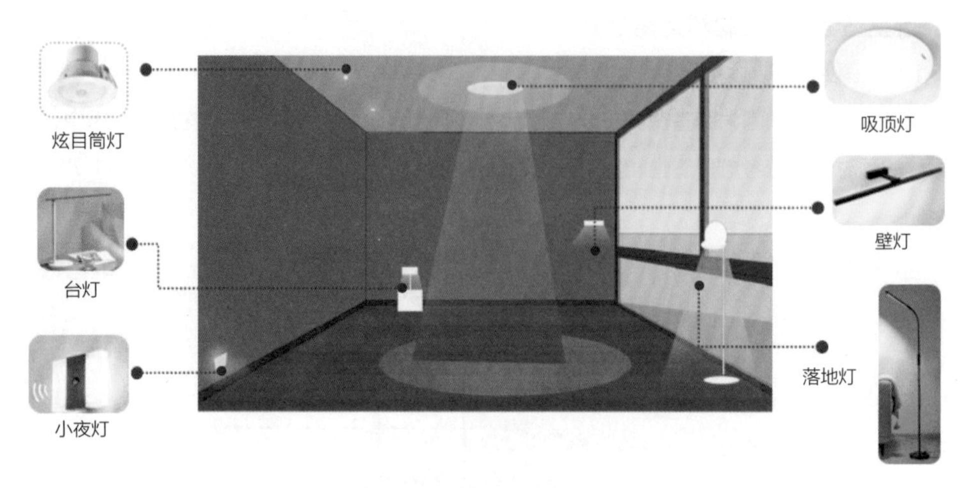

图 2-61　适老化卧室灯具运用

6. 卧室的智能化应用

表 2-12 列举了卧室空间智能化设计的相关要点。

表 2-12　适老化卧室智能化设计要点

功能及相关要点	设备
智能场景模式可以在部分适老化卧室中给老人提供更多的氛围享受	
紧急安全报警按钮为老人提供救护保障	
使用智能化电器，例如聊天机器人、智能影音设备等	
设置智能化窗帘，用遥控器或者 APP 控制	
智能背景音乐帮助老人放松心情	
智能开关可以实现一键多控	

阳台的适老化设计原则及要点

阳台一般分为休闲阳台和生活阳台，但对于目前大部分户型及旧改小区来说，往往最多只有一个阳台区域，其生活阳台和休闲阳台的功能是兼具的。在这种情况下，就要特别注意阳台的功能分区，动线与功能不能互相干扰，且不能造成安全隐患。对于老年人住宅来说，应将适老化设计的要点充分考虑在内。

1. 阳台的适老化人体工程学

适老化阳台的尺度分析如图 2-62 所示，生活阳台的行为尺度应满足以下要求：

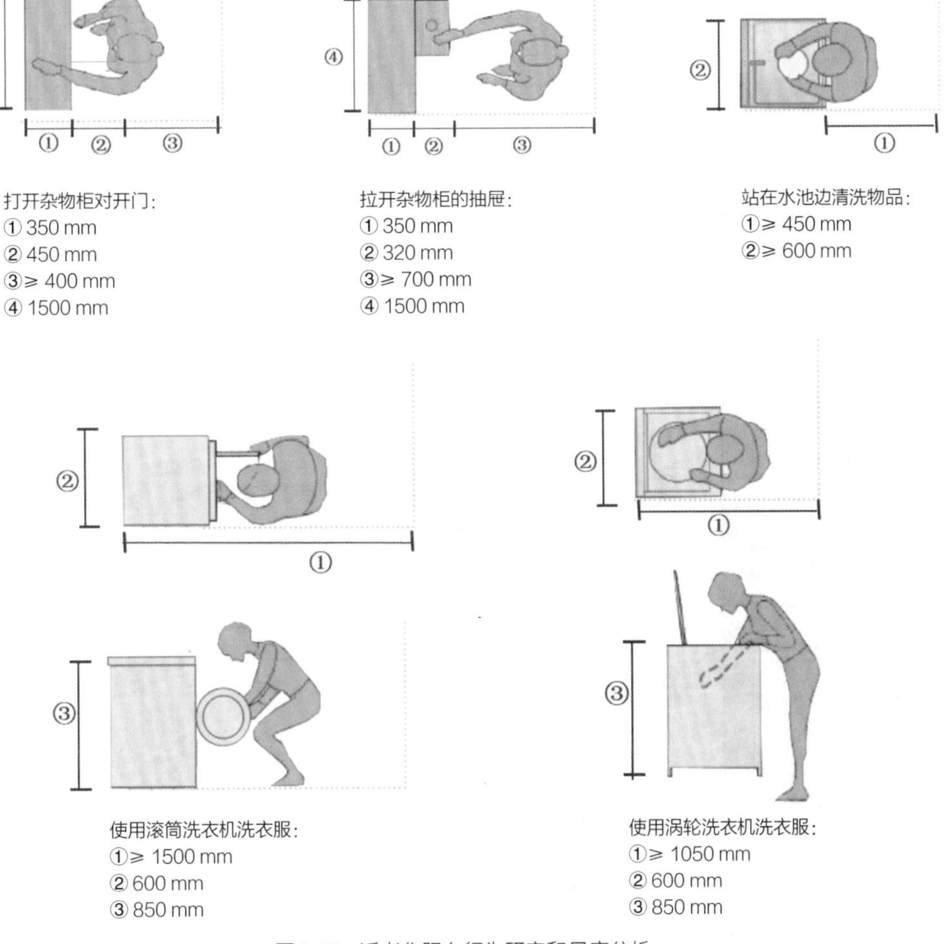

图 2-62　适老化阳台行为研究和尺度分析

2. 阳台的适老化设置及注意事项

阳台的适老化要点可做以下归纳：

① 阳台进深应适当大一些，以 1500~1600 mm 为宜，方便老年人养花、休闲、晒太阳。
② 阳台的窗台宽度可以适当增加，便于摆放花盆和晾晒物品等。
③ 可设置一些低柜，带操作台面，方便老人收纳和整理东西。
④ 阳台两端可以增设矮的晾衣架，既方便老人晾晒衣服，又不影响室内的采光。
⑤ 在阳台的窗台边设置晾晒被褥的衣杆或衣架，老人的被褥需要经常晒太阳消毒。
⑥ 阳台上预留的插座需要带开关，带防溅盒。
⑦ 采用平嵌式滑轨推拉门，消除室内与阳台的高低差。
⑧ 设置排水槽防止雨水渗进室内。
⑨ 洗衣机置于窗下时，窗台高度不宜小于 1200 mm，以保证窗户的开启和给水管的设置。
⑩ 阳台有金属栏杆或其他金属件的话，要做好防锈处理。
⑪ 北方地区的阳台护栏宜设计成实体的形式。
⑫ 需要做好防水处理。

3. 阳台适老化家具的尺寸要求及选型

（1）阳台适老化家具尺寸要求分析

如图 2-63 所示，以家政柜为例介绍阳台中功能性家具的设计尺寸要求。

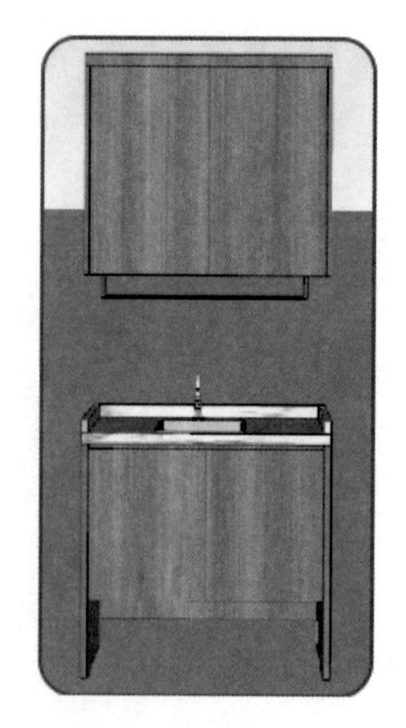

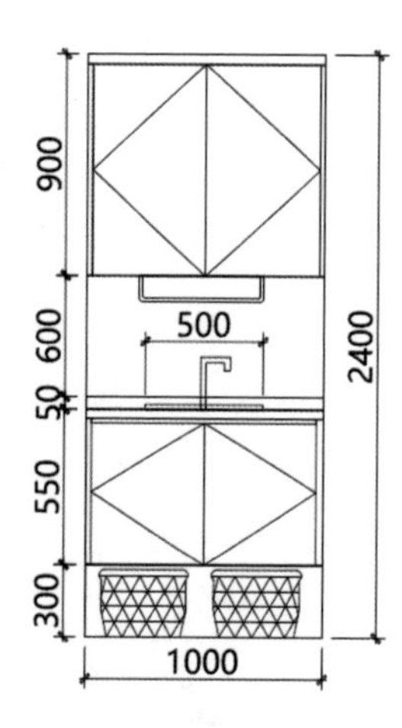

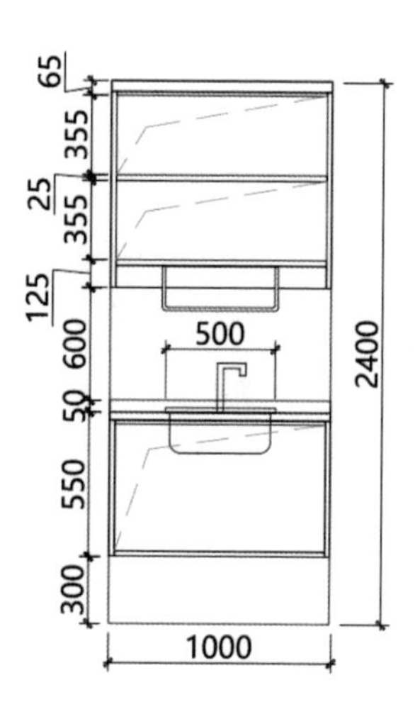

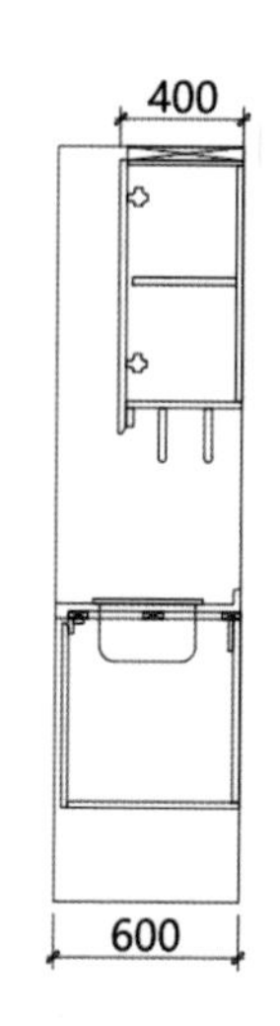

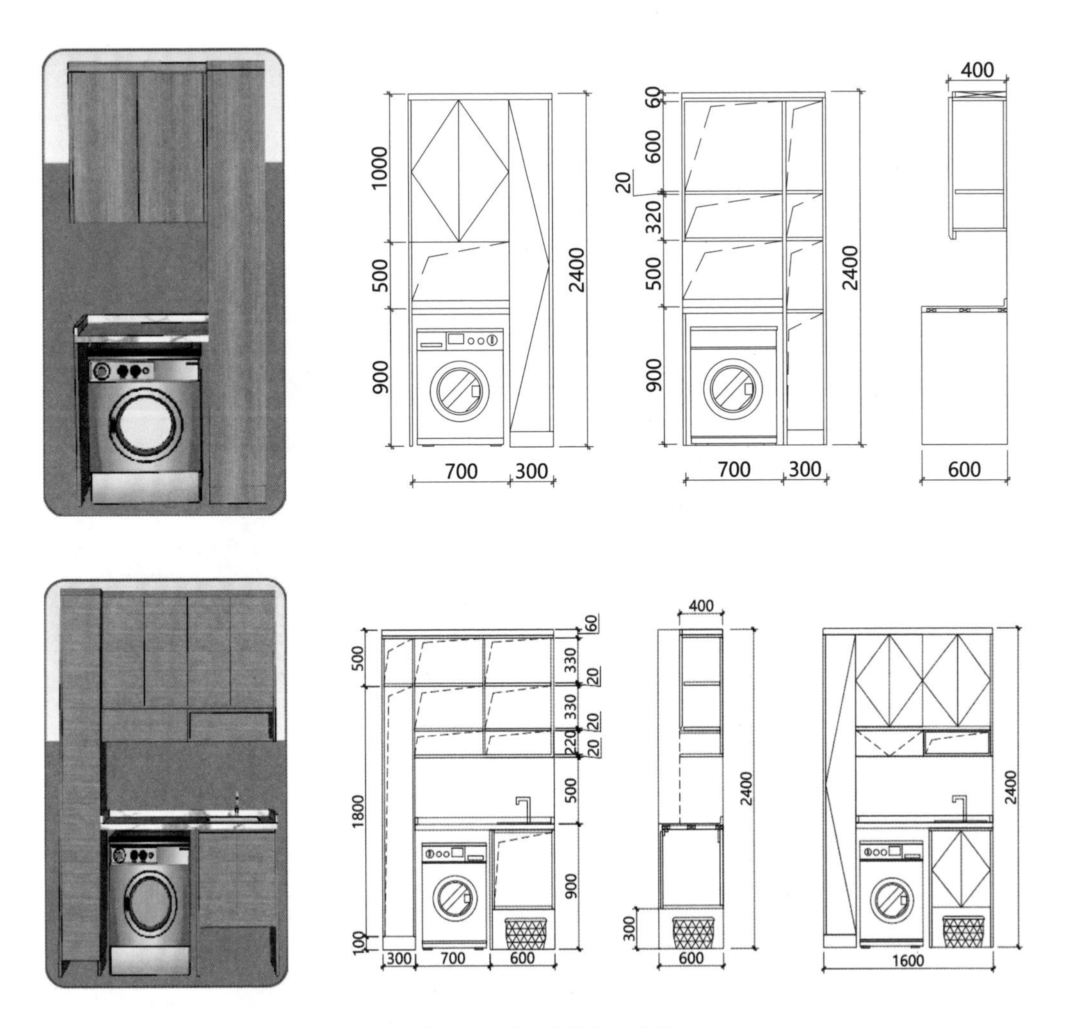

图 2-63　家政柜的尺寸介绍

（2）阳台适老化家具布置参考

图 2-64 所示列举了几种比较值得参考的阳台家具布置形式。

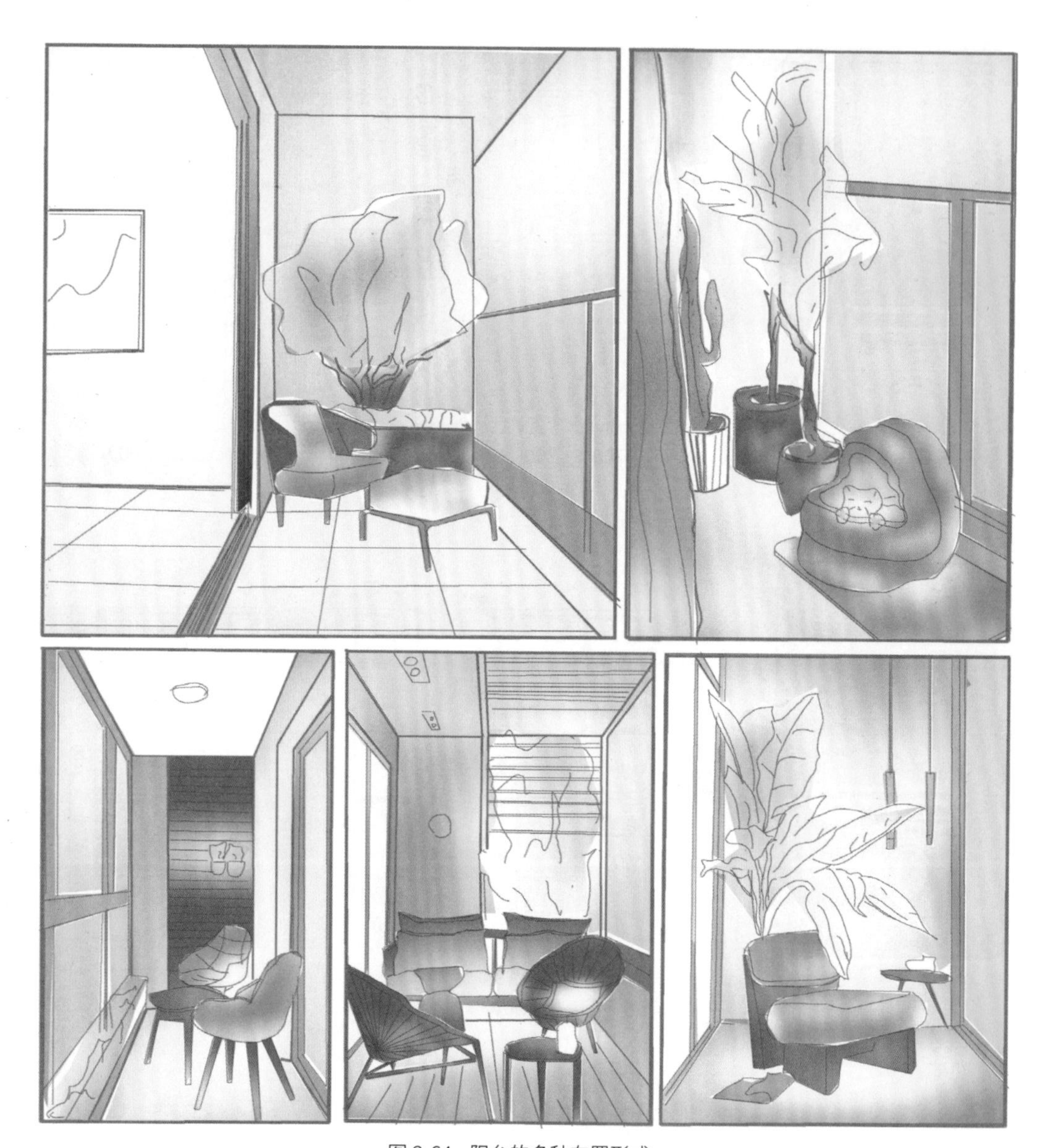

图 2-64　阳台的多种布置形式

4. 阳台适老化家居材料运用分析

阳台属于半室外空间，在材料的选择上，要考虑到材料的防水、防潮、防霉耐腐蚀的性质。以下列出了阳台硬装材料的选择要点：

地面：防滑瓷砖或防腐木地板、平嵌式轨道移门，门槛石跌级设计或无高差处理
天花：防腐木吊顶或防水乳胶漆饰面，平顶
墙身：防水乳胶漆，或者采用瓷砖通铺、石材干挂等
踢脚线：瓷砖、石材或成品铝合金等
窗台：瓷砖、石材和防腐木均可
家政柜 + 一体式台面水槽（按空间条件配置）+ 水槽水龙头 + 洗衣机止水龙头 + 洗衣机地漏 + 防臭成品地漏

5. 阳台的照明条件分析及灯具选择

（1）阳台的照明条件分析

因为阳台属于半开放、半室外区域，白天会有自然光照射，所以在做照明设计时，需要考虑夜晚的照明情况和日常光线较暗时如何补光。适老化阳台的照度需要在 150~300 Lx。

（2）阳台的灯具选择

阳台灯具需要具备防爆、防雾的功能，如图 2-65 所示。

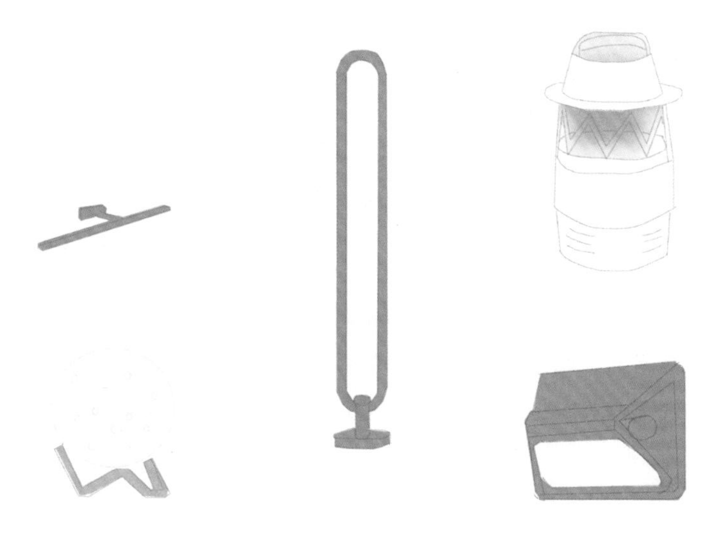

图 2-65　阳台区域的灯具

6. 阳台的智能化应用

阳台的智能化设计需要起到实用和安保的作用，表 2-13 列举了阳台空间智能化设计的相关要点。

表 2-13 适老化阳台的智能化设计要点

功能及相关要点	设备
智能的自动升降晾衣竿可以适应全家人的不同身高，伸手就能轻松晾衣服。除此之外，还具备烘干和消毒的功能，让衣服能在更短的时间内变干	
智能的遮阳帘可电动拉伸，用于遮阳控温	
紧急安全报警按钮为老人提供救护保障	
窗户附近安装吸顶式无线人体红外探头，可检测人体活动和非法入侵及报警	
无线监控摄像头，家人可以利用它通过 APP 进行远程监控及对话	
门磁报警器一般多用于探测门、窗、抽屉等可能涉及人身安全或贵重物品的安全保护机制是否有被非法打开或移动	

公共区域的适老化设计原则及要点

公共区域的设计往往会忽略全生命周期使用的需求，一般都是按照常规中青年人群的使用习惯来设计，但是对于适老化社区或者住宅的公共区域来说，需要有针对性地完善适老、适幼化设施。特别是对老年人来说，身体机能的退化会导致生活行动不便，因此，要在住宅公共区域中去改造和完善各项适老化设计。

1. 公共区域的适老化人体工程学

公共区域的适老化尺度，除了体现在空间的舒适尺度、无障碍设计中，还体现在适老细节的完善程度上。

（1）空间的舒适尺度研究

公共区域的过道需要满足多种通行形式，所以其尺度比住宅室内的过道尺度会有所增大，见表 2-14。公共区域的过道宽度需要设置在 1500~1800 mm，而过道拐角处需要做倒角处理。

表 2-14　公共区域的过道尺度

轮椅使用者与一人正向通行	两部轮椅双向通行	轮椅使用者在过道拐弯
1500 mm	≥ 1800 mm	≥ 300 mm 300 mm

（2）空间的无障碍设计

公共区域的无障碍设计主要体现在无障碍坡道、适老化楼梯、适老化电梯上。

● 无障碍坡道

在楼梯旁边设置无障碍坡道，即使是轮椅也可以上下，如图 2-66 所示。

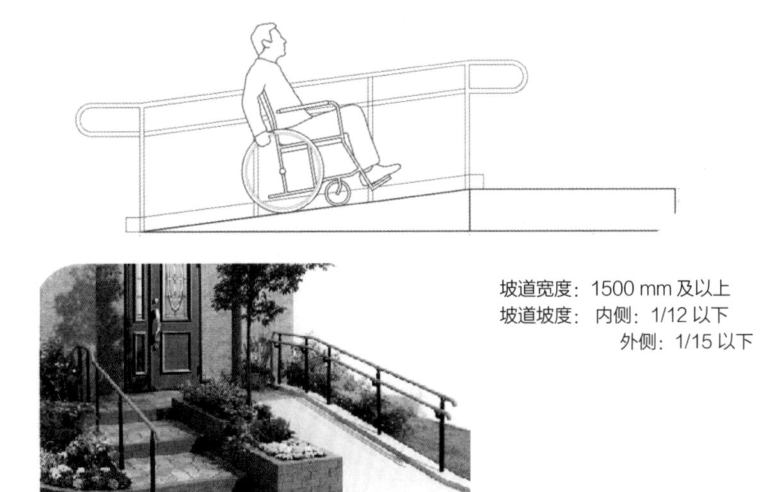

图 2-66　无障碍坡道尺度要求

● 适老化楼梯

在一些没有电梯的楼层中，老年人需要走楼梯上下楼，所以楼梯踏步的舒适度和楼梯梯段的便利性很重要，且要注意楼梯的造型设计，如图 2-67 所示。

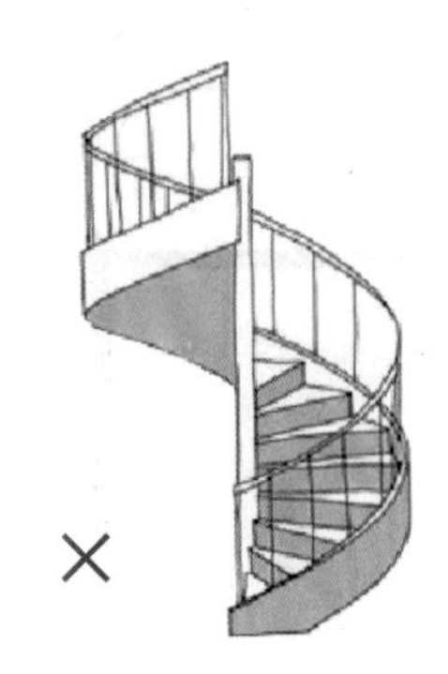

旋转楼梯内侧较窄，不适合老年人使用。

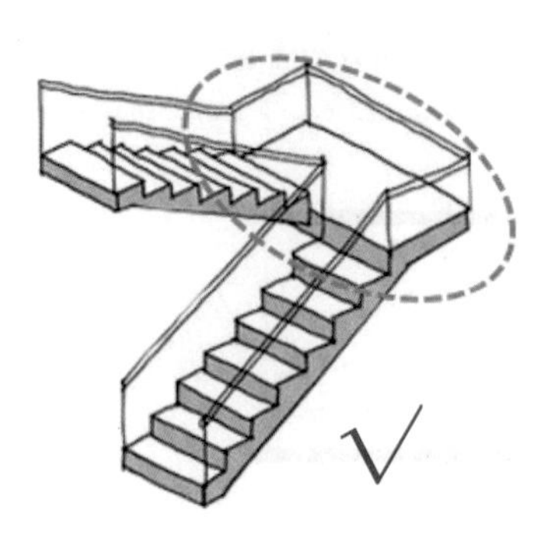

双跑楼梯的休息平台不宜设置踏步。

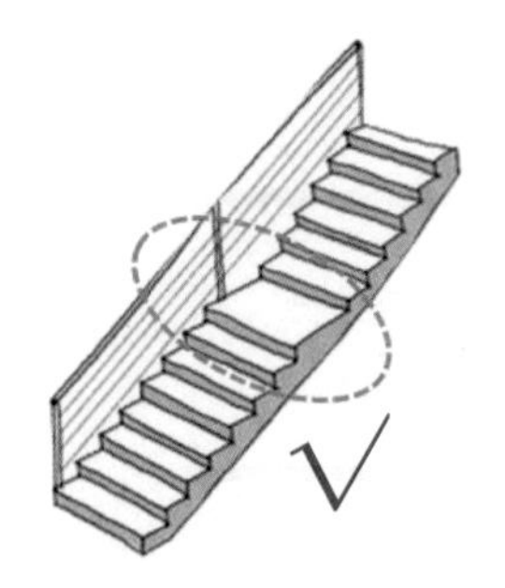

直跑楼梯步数不宜太多，中间需要有休息平台。

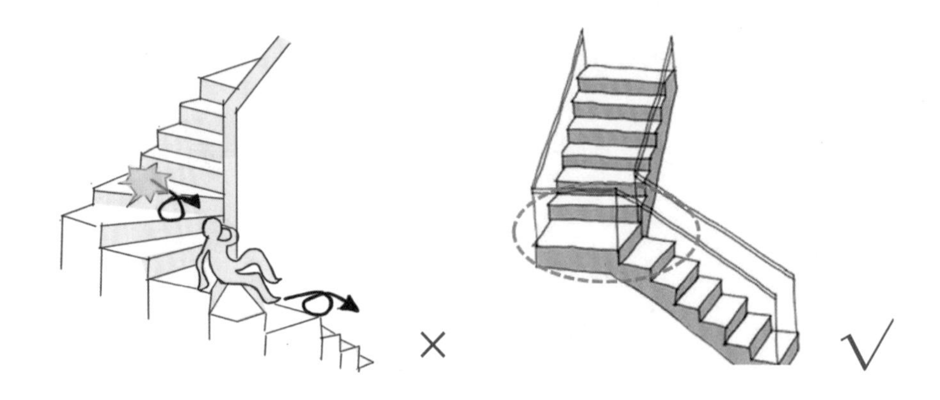

楼梯需要有休息平台，不然容易导致老人摔倒后连续跌落。

图 2-67　楼梯设计的适老化要点分析

● 适老化电梯

对于住宅公共区域内原有的电梯和老小区新增的电梯，都要做好无障碍设计，需要具备无障碍的安全措施，如图 2-68 所示。

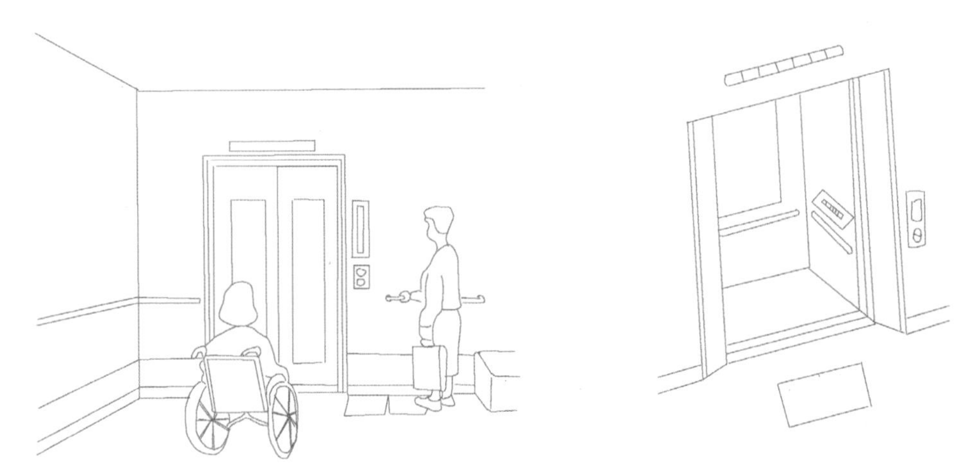

图 2-68　无障碍电梯按钮的尺度要求

（3）空间的适老化细节研究

把握适老化的细节要求，可以给老年人提供更加舒适的生活环境，如图 2-69 所示。

扶手高度一般设置在胯部受力位置会比较合适，所以适合老年人的室内扶手高度一般设置在 800 ~ 850 mm。

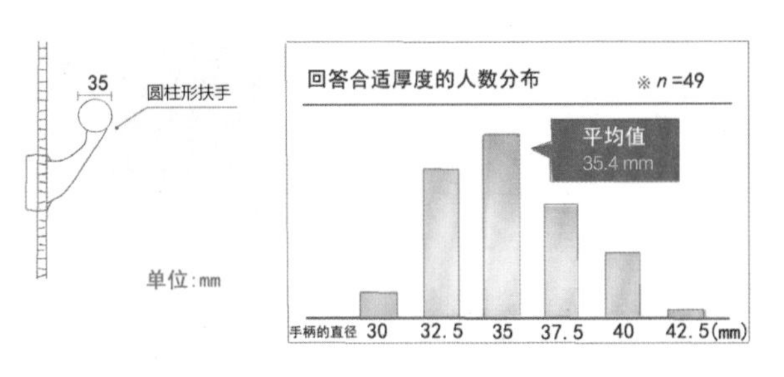

假如选择圆形扶手，根据相关调查采样评价结果，最人性化的直径为 35 mm。扶手直径太大难以抓握，相反，直径太小给人不安的感觉。

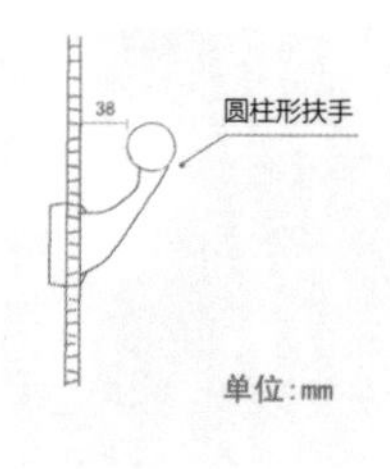

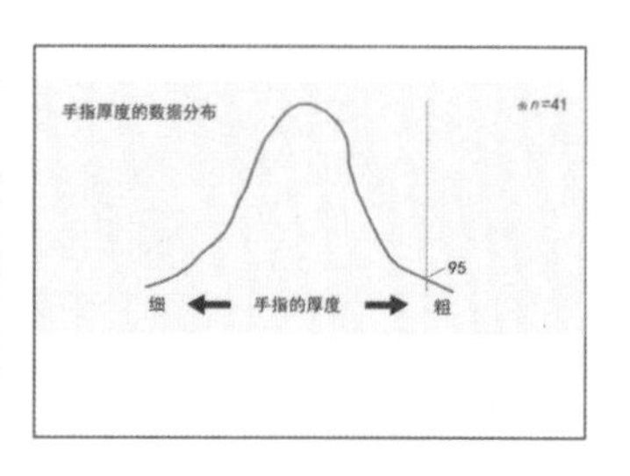

根据实验 95% 受测者的手指厚度分布数据计算可得：
扶手和墙壁的间距 =95% 受测者的手指厚度 ×1.5（安全率）≈ 38 mm。

图 2-69　安全扶手的人体工程学数据

2. 公共区域的适老化设置及注意事项

如图 2-70 所示，公共区域的适老化要点可做以下归纳。

增加室内短距离爬楼梯时的便利性：

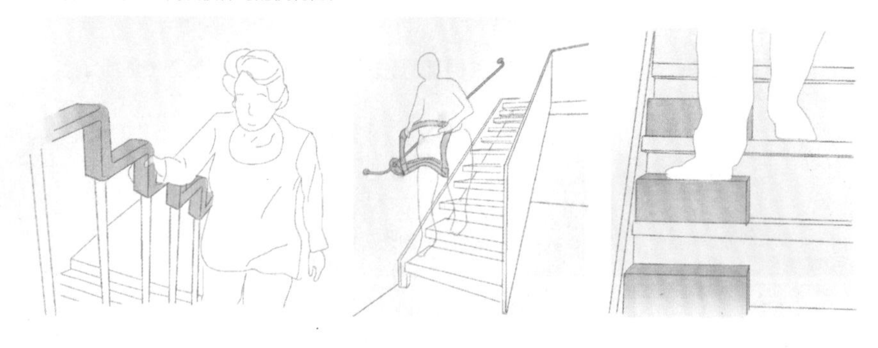

台阶和爬楼的处理方式：

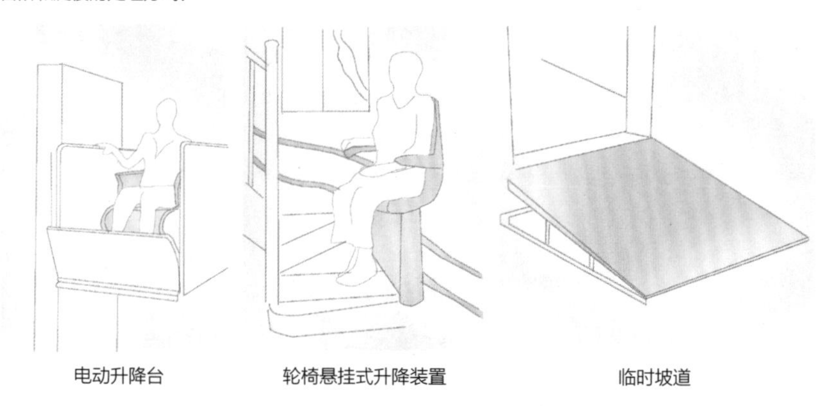

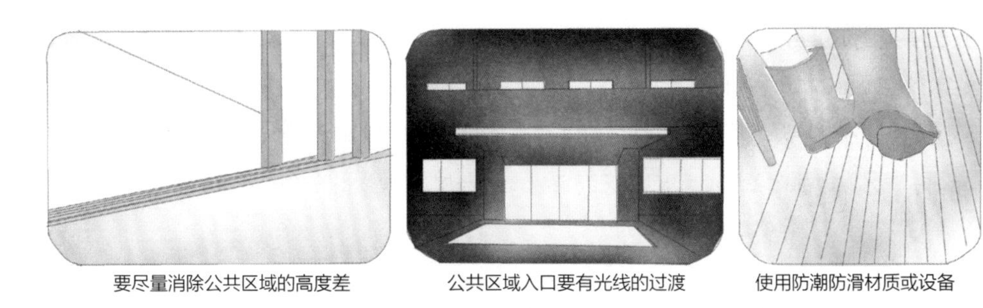

图 2-70　公共区域的适老化设计要点

3. 公共区域适老化家具的要求及选型

公共区域的适老化家具重在体现人性化的设计手法，可以在楼道与公共区域设置临时坐凳、扶手，设置一些微景观休息区等，随时可以供老人休息放松。

4. 公共区域适老化家居材料运用分析

因为公共区域是社区或楼栋单元的共享空间，有时候缺乏可控性，也需要经常维护更新，所以，对于公共区域的材料，要选择各方面性能都良好，同时性价较高的，如图 2-71 所示。

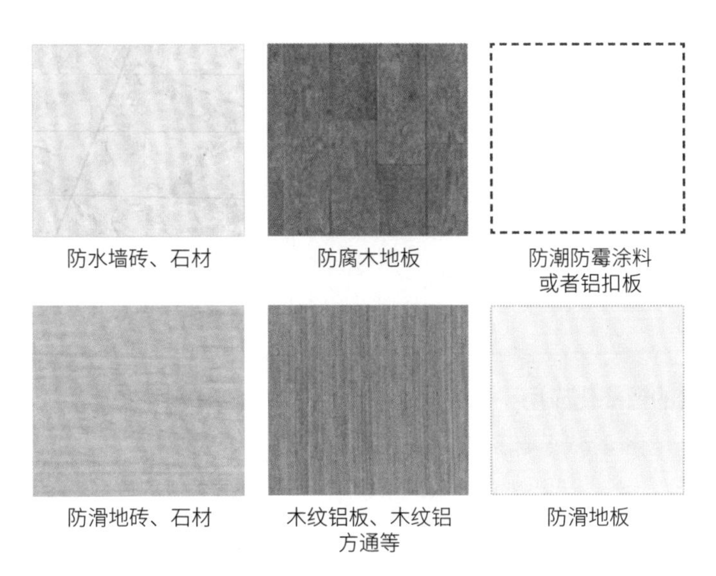

图 2-71　公共区域适老化材料

5. 公共区域的照明条件分析及灯具选择

（1）公共区域的照明条件分析

公共区域可分为半开放区域和开放区域，有些空间白天有自然光照射，所以在做照明设计时，要根据实际情况设计照明条件，总的来说需要较高的亮度。适老化的公共区域照度需要在 500 Lx 以上。

（2）公共区域的灯具选择

公共区域灯具需要具备防爆、防潮的功能，如图 2-72 所示。

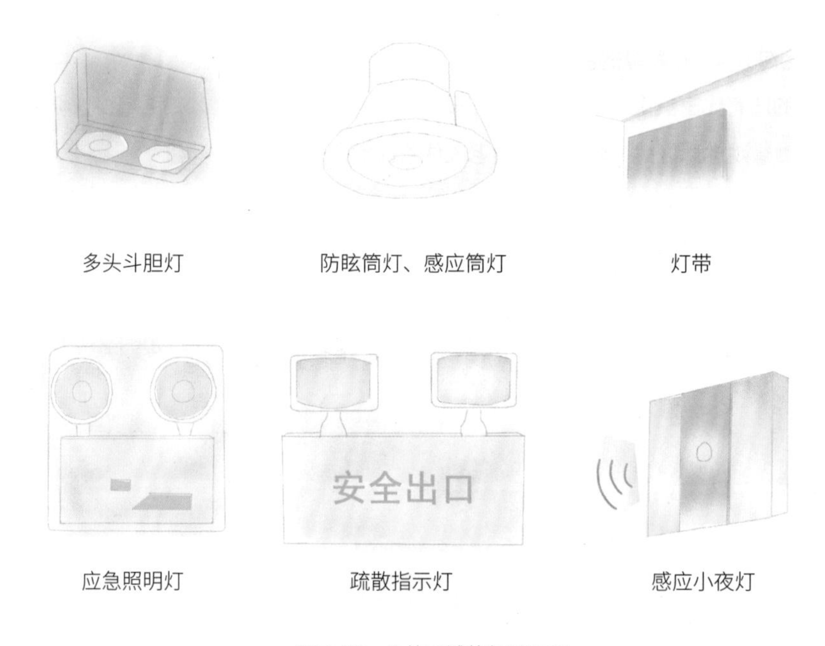

图 2-72　公共区域的灯具运用

6. 公共区域的智能化应用

公共区域的智能化设备需要起到监控和安保的作用，表 2-15 列举了公共区域空间智能化设计的相关要点。

表 2-15　适老化公共区域的智能化设计要点

名称、功能及相关要点	设备
吸顶式无线人体红外探头用于检测人体活动、非法入侵及报警	
监控摄像头可以让物业通过 APP 进行远程监控及对话	
门磁报警器一般用于探测门、窗、抽屉等可能涉及人身安全或贵重物品的安全保护机制是否有被非法打开或移动	
紧急安全报警按钮	
智能一键开关	
空调智能开关	
可视对讲门禁	
背景音乐和广播	

适老化家居色彩分析

色彩作为空间中的一种直观符号，既能对空间效果产生较大的影响，又会通过其传达的色彩情感影响居者的心情和感受，对空间氛围和人的情绪起到一种隐形的调节作用。所以，选对色彩对适老化设计尤其重要，因为大部分老年人情感较为敏感，情绪时有波动，合适的色彩渲染可以给老年人更多积极的因素。

图 2-73 对不同的色彩分类对人情绪的影响作了概括的介绍。

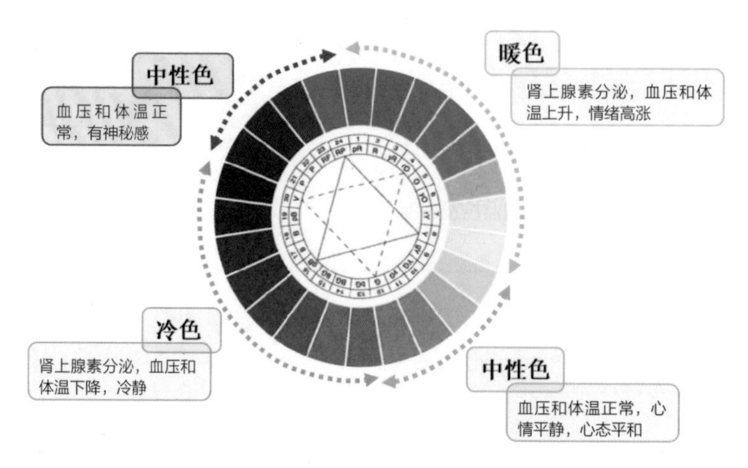

图 2-73　不同色彩对人情绪的影响

表 2-16 对不同色彩的运用作了概括的介绍。在做适老化设计的过程中，可以对照着各种颜色的作用和效果，针对老年人对颜色的敏感度和个人喜好进行调配。

表 2-16　不同色彩的效果和运用

色彩	心理和生理效果	对应房间和用法
红色	热情	主题型的房间和起居室，小面积使用
橘黄	增进食欲，使心情愉悦	厨房和餐厅局部点缀
棕色	使心情平和	常用在家具、地板上
米色	使情绪变得温和	通用
黄色	刺激大脑集中精神	房间和起居室小面积使用
绿色	减压，保持身心平衡	代表自然形象，客厅、卫浴小面积用
蓝色	使精神集中、稳定	男孩子房间和客厅局部用
紫色	淡紫色有治愈性	书房等小面积使用
粉红	情绪稳定，使心情变得温和	适老化和适老化房间可用
白色	身心都在开放，心情变得明朗	通用
灰色	使心情平和、冷静	通用
黑色	压抑感、封闭性	极小面积使用

适老化住宅暖通问题概括

住宅的暖通问题涉及较多机电专业的知识，在设计实践中，要结合暖通工程师的意见和技术要求进行综合考量。在适老化住宅设计中，要注重考虑如何运用暖通技术，使整个居所的空气拥有平衡度与舒适感，让老人居住起来更加具有幸福感，也更加健康。

1. 空调

住宅中常见的空调产品包括壁挂空调、柜式空调和中央空调。一般来说，近年来开发的住宅产品都会标配中央空调，其他的则是以壁挂空调和柜式空调居多。中央空调往往可以和新风形成一个智联系统，如图 2-74 所示。

无论是哪种形式的空调，风口都不能直接对着老人的方向吹。而且由于老人免疫力降低，对灰尘和细菌带来的影响较为敏感，应该定期对空调设备进行清洗。同时要注意，外机的安装位置要避开老人常待或者休息的地方，避免噪声干扰老人。

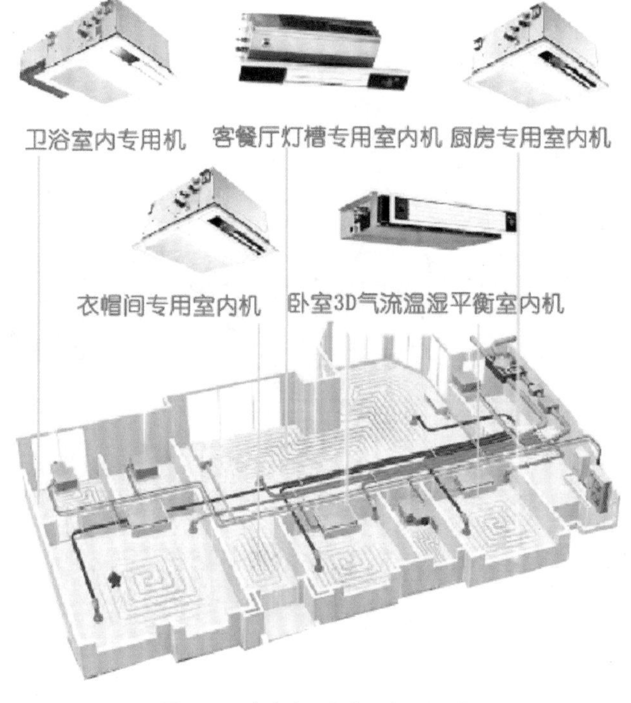

图 2-74　中央空调与新风智联系统

2. 新风

新风系统也是近年来被广泛普及的暖通产品，如图 2-75 所示，送风、回风分开控制，集中回风方式能维持微正压，形成一个清新空气保护罩，使室内的空气始终处于一种洁净的状态，对呵护老人的身体健康起着积极的作用。

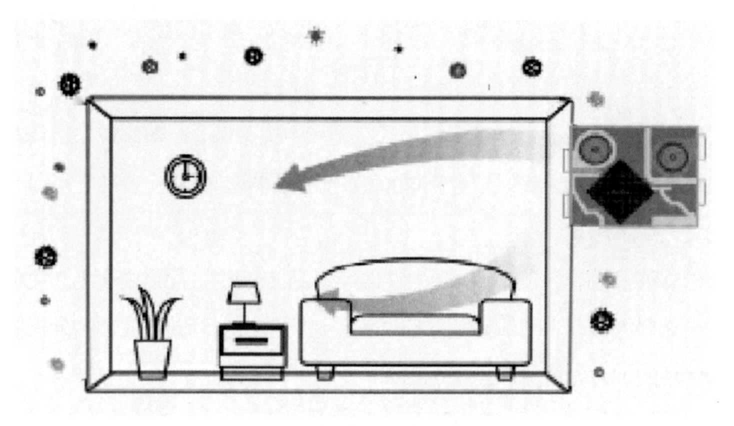

图 2-75　维持微正压的回风方式

需要注意的是，常见的新风系统的送风和回风是无法单独调节的，集中回风方向使得室内一直处于负压的状态，会导致污染物渗入室内，如图 2-76 所示。

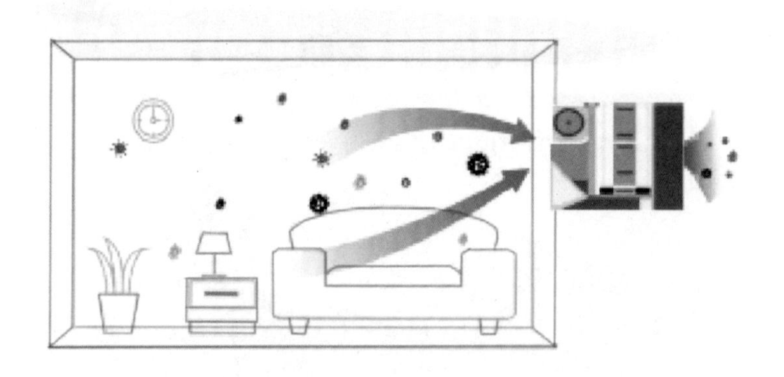

图 2-76　处于负压状态的回风方式

3. 地暖

地暖产品的兴起给很多人的生活带来了福音。特别是对于老年人来说，腿脚多少会有些毛病，在寒冷的季节产生的不适感尤为明显。而地暖的热量是从脚向上传递的，可以让老人的腿脚时刻感到温暖和舒适。

主流的地暖是水暖和电暖。水暖可以多房间使用，范围广，成本低，舒适性较强；电暖则适合快速加热小房间，多个房间成本较高。还可以将采暖与热水供给相结合，节能又实用，如图 2-77 所示。

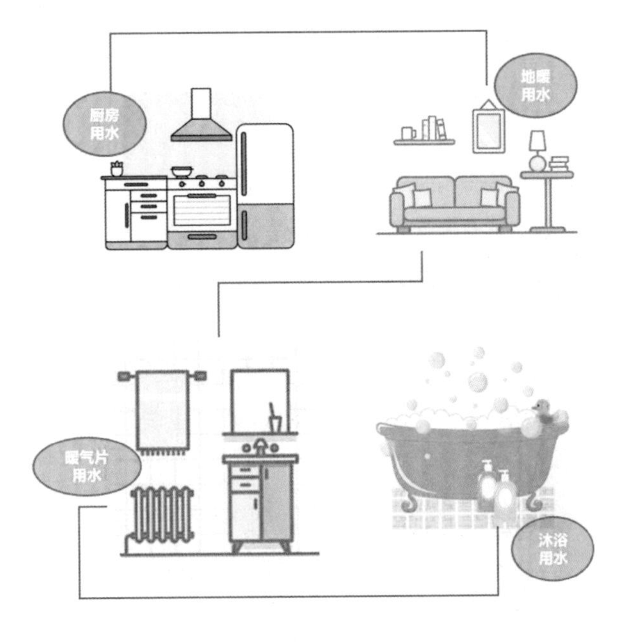

图 2-77　采暖和热水供给结合方式

除了以上三大件，市面上还有很多净化空气、平衡湿度的产品，如图 2-78 所示。在原硬装条件无法满足新风安装的情况下，可以选取类似的产品进行代替，保证良好的空气质量。

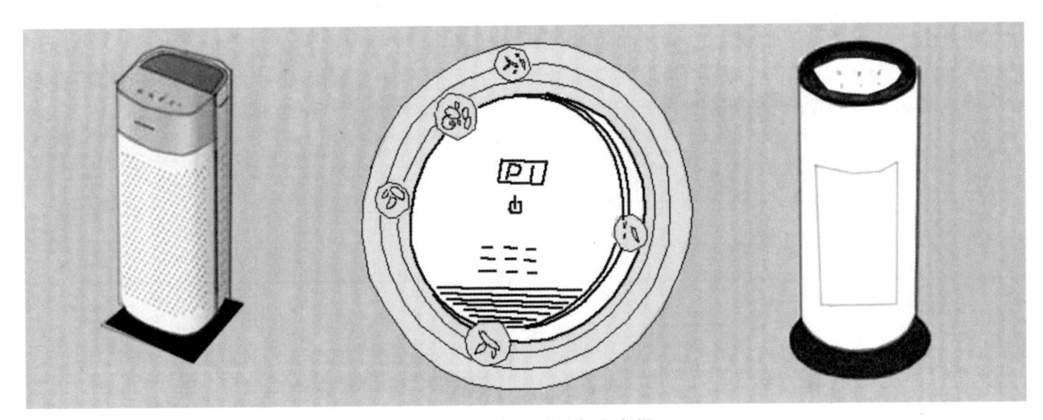

图 2-78　其他暖通产品介绍

第 3 节　适老化住宅设计及改造的案例实操演示

日常的适老化住宅设计和改造，需要根据业主的需求以及户型的原有条件进行。以下给大家介绍一个位于深圳某城中村的适老化住宅改造案例。

1. 原户型介绍分析

如图 2-79 所示，此户型位于住宅楼的二楼，楼栋中没有电梯，户型布局和设施比较老旧，空间尺度和通道尺寸不适老。接下来，我们对这个户型的问题进行分析：

① 入户门内外均缺乏缓冲区域，户内虽设有鞋帽区，但是会和开门产生一定的冲突，不便于日常操作。

② 客厅与卧室的空间尺度比例失衡，导致卧室空间尺度不能满足轮椅等设备的通行或回转。

③ 进出厨房需要从阳台外通行，在雨天或者寒冷季节，不便于老人行动，烹饪完需要绕一圈才能回到客厅用餐，且厨房的门洞较小，尺度不适老。

④ 冰箱摆放在客厅，不便于取放物品，还会造成动线干扰。

⑤ 卫生间空间尺度较小，再加上构造柱的限制，使老人的日常行动变得不便，使用蹲便器，且蹲便器与地面存在高差，给老人如厕造成困扰。

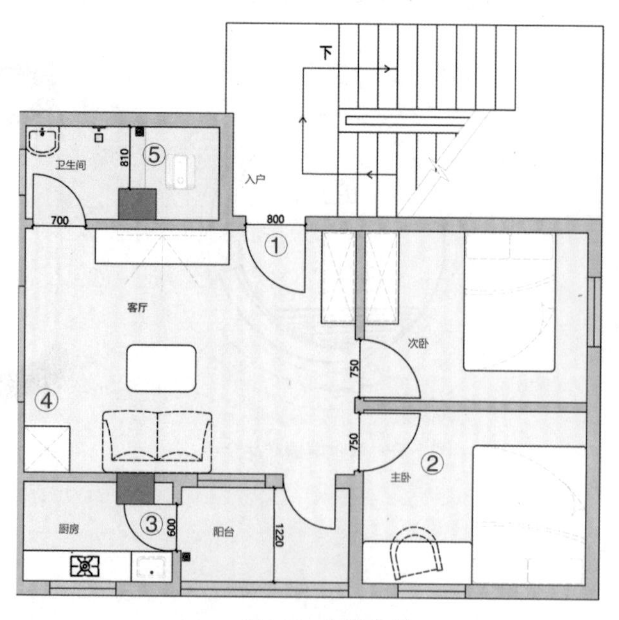

图 2-79　原始户型

2. 平面功能优化

针对原户型的不适老问题，需要对此进行适当的改造，在不影响原建筑主体结构的前提下，考虑到日常生活的诸多细节，从空间的分配、动线的规划和行为习惯等方面出发，进行更加适老化的设计改造。图 2-80 是优化后的平面布局。

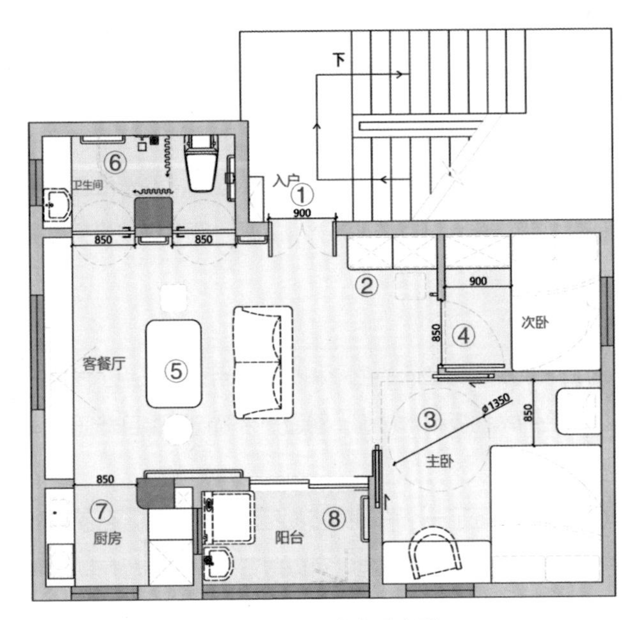

图 2-80　优化后户型

由于此户型改造后主要是作为两位老人居家养老的居所，所以在改造的过程中，侧重关注两位老人的生活习惯和功能要求，针对性地进行了以下的改造：

① 在入户处，利用墙垛的空间设计了一个小型的置物台，并设置重力挂钩，方便老人购物或者归家开门时暂存物品，并将入户门洞扩增至 900 mm 宽，可以满足日后轮椅或者急救担架等通行。门扇从单开门改为双开门，尽量减少对鞋帽区的干扰。

② 改变鞋帽柜方向，为次卧的门口腾出更多空余的区域，并设置换鞋凳和安全扶手，方便老人换鞋起身。

③ 由于房子常住人员只有两位老人，所以在卧室的空间分配上做了适当的调整，扩大主卧的空间尺度，并对门扇的开启方式进行调整，从视觉上使空间更加开敞通透，至少可以满足轮椅的四分之一回转尺度。

④ 次卧可以作为多功能房使用，集储物、客卧和保姆房于一体，充分发挥空间的价值。

⑤ 调整客餐厅的布局和方向，老人观看电视的距离更佳，利用靠窗一侧设置一整排置物柜，方便老人日常的收纳，并空出两侧墙体的位置，便于卫生间和厨房门的改造。

⑥ 受下水管道所限，卫生间的位置不宜做过大的改动，为了避免老人在狭窄的卫生间内走动不便，将卫生间的功能进行适当的分区。坐便区相对独立，可从专门的门进出，台盆区和淋浴区则从另一侧进出，两侧内部用浴帘适当隔开，可收可放，不影响原空间的连通性。卫生间的门采用内外双开型，老人使用卫生间时若发生意外，便于从外面开门进行救护。

⑦ 将厨房的入口改在客餐厅处，规避了老人进出厨房需通过阳台的不便，使动线免于相互干扰，老人烹饪完成后可以直接进入客餐厅用餐，提高便利性。

⑧ 将阳台单独设置，因为户型处于城中村楼栋的二楼位置，采光和通风条件有限，于是将原来的单开门改造成通透的落地玻璃门，可以增加采光和通风。阳台区域设置半高的家政柜和可折叠晾衣竿，方便老人日常的洗衣和晾晒。

3. 空间效果设计

下面是户型改造后的空间展示，在空间的色彩和材质运用上，采用了浅色的无机涂料、暖色的防滑瓷砖、素色墙砖、原木色的木地板和木材等，营造一个简约温馨且舒适的适老化空间。

（1）入户处

如图 2-81 所示，在入户处设置了一个临时的置物柜和重物挂钩，台面和重力挂钩可以暂存手中的物品，方便老人回家开门。柜内设有接水盒，可以放置雨具或者暂存其他物品。

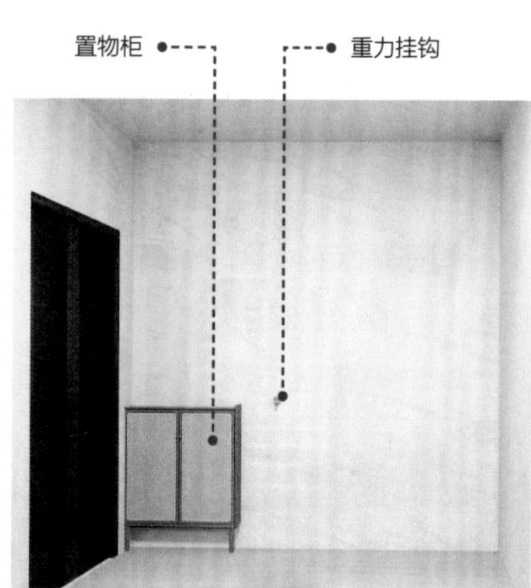

图 2-81　入户空间

（2）玄关

如图 2-82 所示，将原来的入户单开门改为双开门后，开启门扇时不影响鞋帽区的操作，腾出一个相对独立的玄关区域。

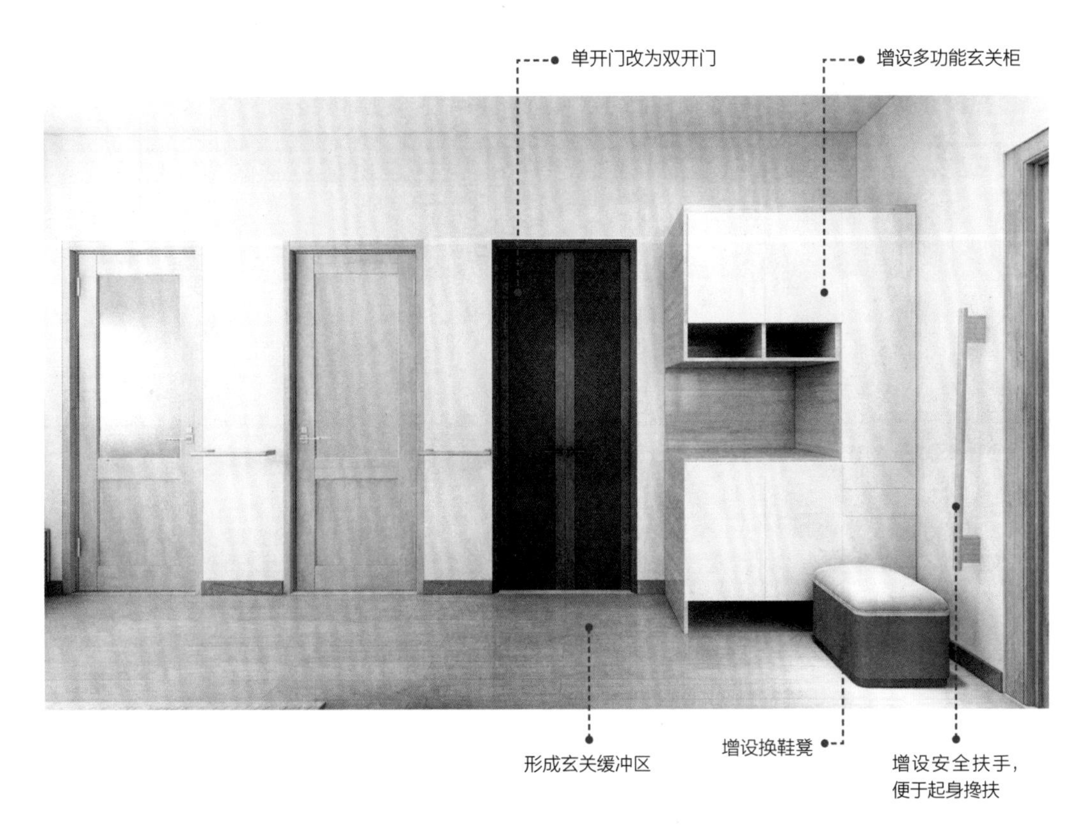

图 2-82　玄关区域功能分析

（3）客厅

从图 2-83 可以看到，将原来客厅的布局和方向进行调整，并将阳台单开门改成落地玻璃门后，客厅变得更加开敞，采光条件也更佳。

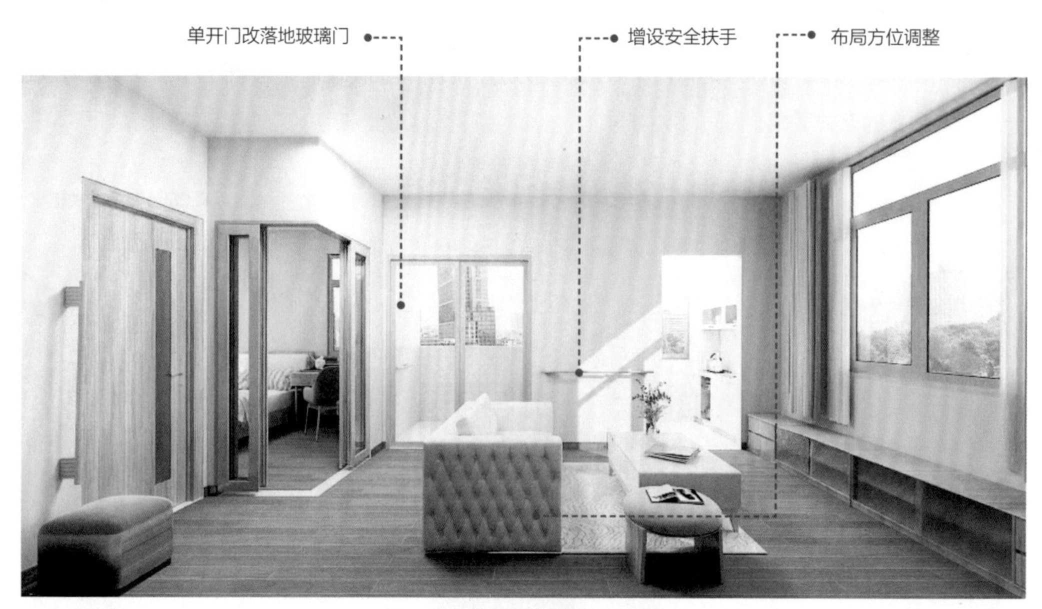

图 2-83　客餐厅区域功能调整

如图 2-84 和图 2-85，改变客厅的布局之后，把客餐厅相结合，将原电视背景墙的位置改造成淋浴区和坐便区的入口，并在门上开启观察窗，便于日后对老人的看护。靠窗处设置一排矮柜，可供收纳、置物或者作为休闲飘窗，成为空间中一个阳光角。

图 2-84　客餐厅打造双向通道

图 2-85 电视柜设计

客厅两侧过道的墙面均设置了安全扶手，如图 2-86 所示。

图 2-86 增设安全扶手

客厅呈洄游动线，各功能区的动线互不干扰，从视觉上增加了空间的尺度感，空间更显通透和灵活，如图 2-87 所示。

图 2-87　迴游动线提高便捷性

（4）房间

如图 2-88 所示，次卧作为多功能房使用，但是考虑到日后两位老人分房睡的情况，所以次卧的门扇上也设计了观察窗，便于日后的看护。另外，主卧的门采用了隐形推拉门的形式，一方面可以增加空间的尺度，便于日后轮椅的通行和回转，另一方面为了使卧室和客厅空间实现互借，从视觉上提高空间的开敞度，提升居住的舒适感。

如图 2-89 所示，在窗边设置写字台，方便老人日常看书浏览或者整理物件，台面还兼具床头柜的功能，阳光洒进来的时候，还能作为卧室里的一个阳光角。

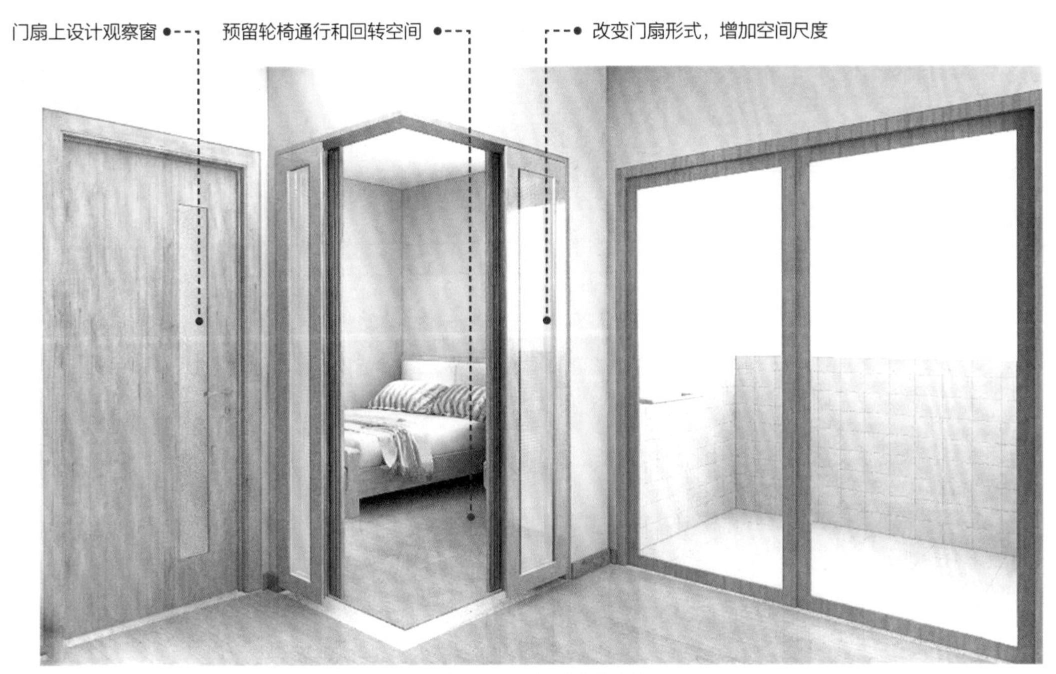

图 2-88　卧室门洞改造

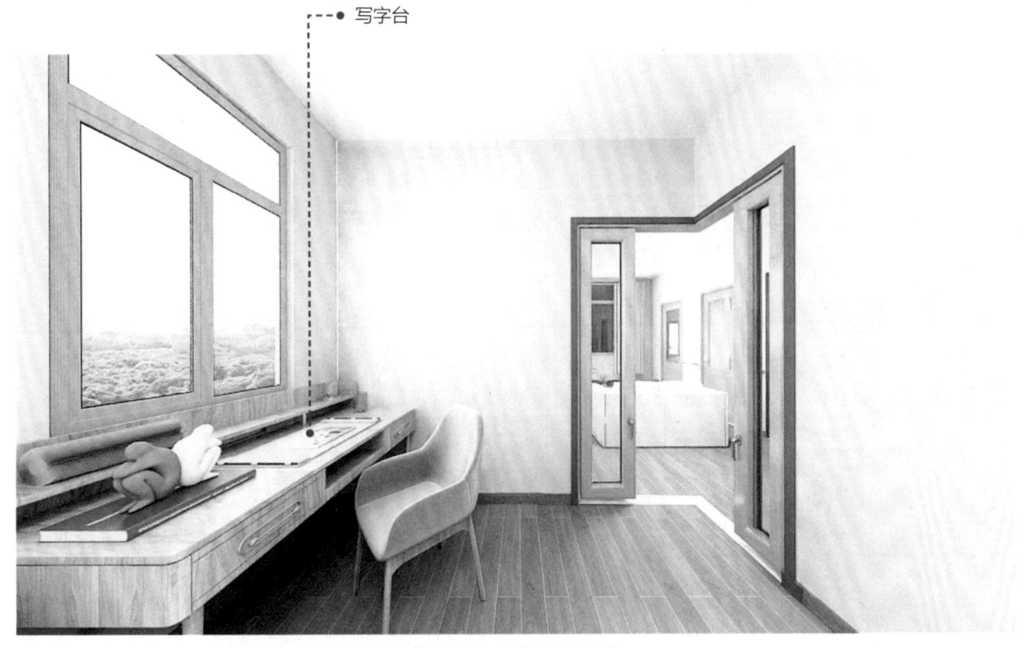

图 2-89　卧室布局改造

在床尾处，灵活摆放一把单椅，可以供老人放置睡觉前脱下的衣物等，老人起床时也能第一时间找到衣物穿上，以防在寒冷季节起夜或起床时着凉。另外，写字台旁需配备扶手椅，可以使老人坐得更加安稳，如图 2-90 所示。

图 2-90　卧室适老化配置

（5）厨房

如图 2-91 和图 2-92 所示，将厨房的入口和客餐厅连通，优化了空间动线，操作起来更加方便。

图 2-91　厨房入口调整

厨房布局改为双向型，将墙垛区域的空间利用上，同时保证通道足够的尺度。

图 2-92　厨房布局改造

（6）卫生间

如图 2-93 所示，在卫生间设计了两个入口，拆除原蹲便区的垫层，换成坐便器，并设置安全扶手，用浴帘将其与淋浴区适当隔断开，可收可放，且取消挡水条，找好卫生间坡度，选取防滑地板砖，取消门槛石设计，延续客厅的铺贴。

图 2-93　卫浴空间调整

（7）阳台

如图 2-94 和图 2-95 所示，将阳台和厨房相互独立开来，并设有专门的家政区，且阳台区可以和客餐厅相连接，优化室内的氛围，改善室内的采光和通风条件。

图 2-94　阳台的适老化改造

图 2-95　阳台与空餐厅互动

第 2 部分

适老化住宅设计与改造案例

第 3 章

优秀案例展示与分析

案例 1　都会华庭 · 张宅

这套房子是业主送给父母的养老房，设计师从适老化布局的优化、适老化家具选配和色彩氛围的打造上进行改造。

户型介绍： 房屋面积 100 m^2，西面采光且分区较局促，图 3-1 是改造前后的户型对比。

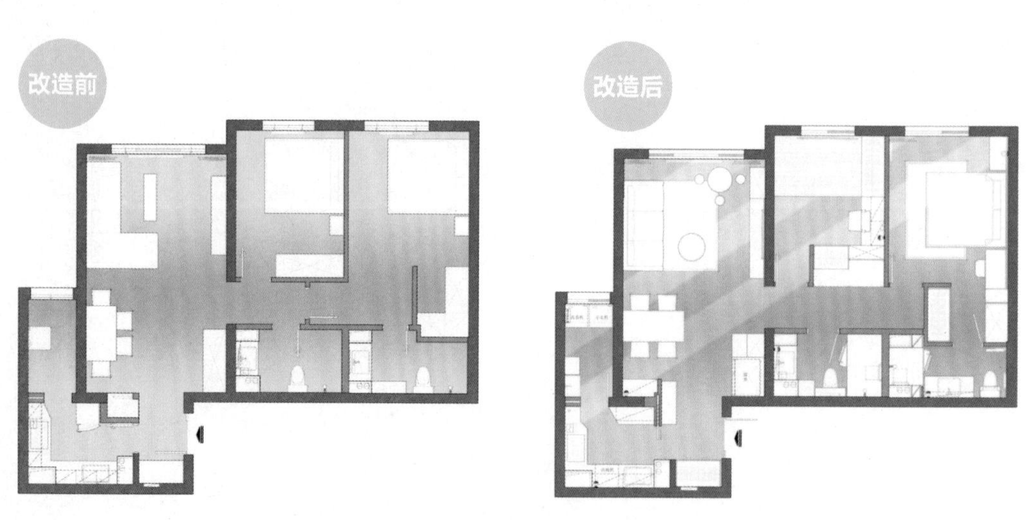

图 3-1　户型改造前后对比

项目信息介绍：

- 设计团队：木本清源
- 项目地址：北京朝阳区
- 项目类型：硬装 + 软装
- 建筑面积：100 m^2
- 设计时间：2021 年 9 月
- 文图提供：木本清源
- 主创设计：贾莹莹
- 落地团队：张惠瑜、周振宇、刘双、陈杰、王仁三门厅：

叠加功能，提高空间利用率，调整入户门开启方向并巧用 T 形墙，如图 3-2 所示。

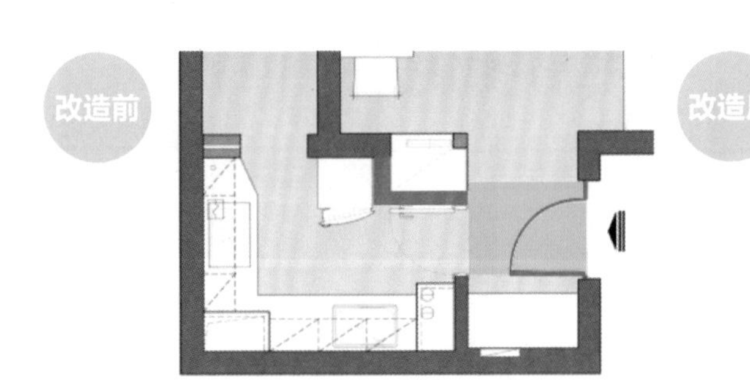

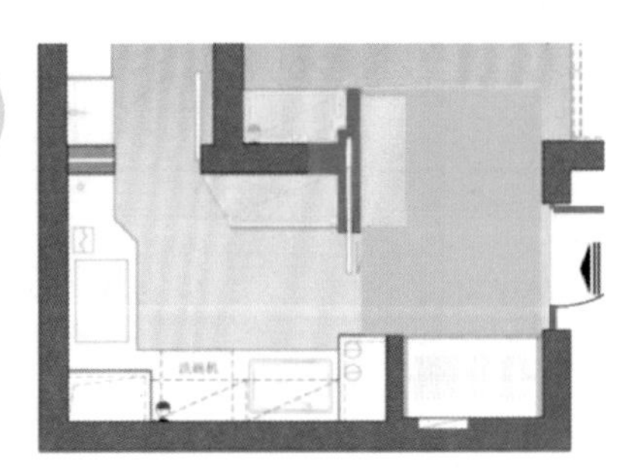

图 3-2 门厅区域改造前后对比

亮点一：扩大门厅，同时改善门厅通风采光。

亮点二：在 T 形墙的三面分别设置入户端景台、加宽厨房操作台、嵌入餐边柜。

效果呈现

入户处安装感应筒灯，便于回家照明

安装烟雾报警器，关注老人居家安全

入户门向外开，避免对门厅空间形成干扰

设置端景台，可满足临时置物需要，且可美化空间

鞋帽柜功能多元，集收纳、置物、换鞋等功能于一体

换鞋凳可以灵活移动，满足不同使用需求

图 3-3 门厅区域设计要点解析

厨房及家政阳台：

优化布局与动线，增加空间的灵活性，如图 3-4 所示。

改造前

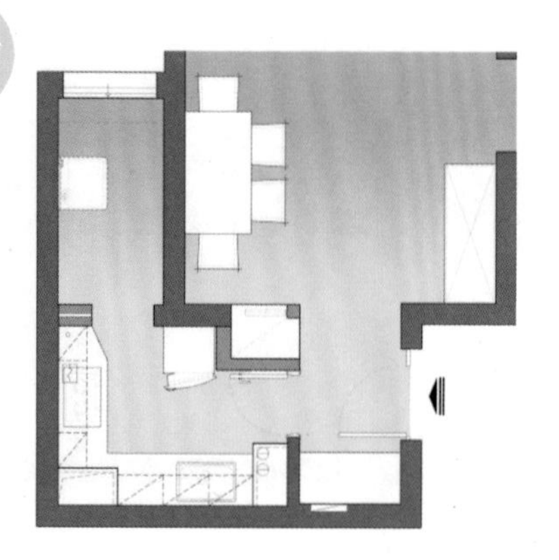

改造后

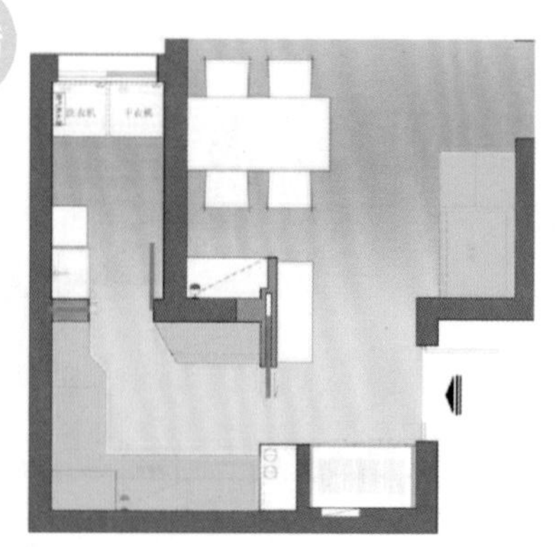

图 3-4　厨房及家政阳台改造前后对比

亮点一：调整空间尺度，加宽厨房操作台面区，将冰箱位置外移，同时服务于餐厨两区，同时给厨房腾出更多的空间。

亮点二：家政阳台区集洗涤、烘干及自然晾晒功能于一体，满足长辈的不同使用需求，台盆区提供用水的便利性，同时可实现入户消洗功能。

效果呈现

对开门改为玻璃推拉门，增进厨房的采光和通透性，同时节省门扇开启的空间

选用吊轨推拉门，避免地面滑轨的影响，同时消除厨房内外的高低差，防止老人磕碰摔跤

设置中部收纳区，方便老人拿取物品

设置高低台面，可以更好地满足人体工程学，便于老人日常操作

小家电置于台面，更加便于老人操作

图 3-5　厨房设计亮点解析

客餐厅：

优化布局与动线，增加空间的灵活性和利用率，如图 3-6 所示。

改造前

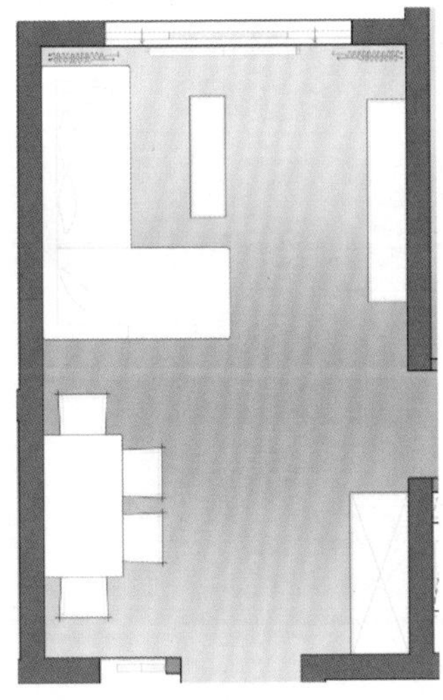

改造后

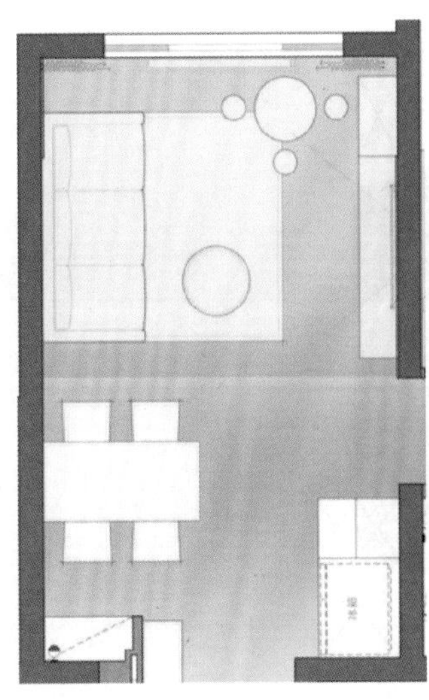

图 3-6　客餐厅改造前后对比

亮点一：调整餐厅的布局形式，增进区域的互动性和便利性。

亮点二：调整客厅布局和家具选型，为家中腾出一个宽敞的起居空间，灵活性和尺度感都得到提升。

效果呈现

冰箱采用嵌入式设计，隐藏于柜体中，让空间显得更加整洁美观

地柜进深较大，采用抽屉式收纳形式，方便日常查找和拿取物品，避免老人弯腰去寻找物品

餐边柜设置了中部置物区，便于常用物品的收纳和拿取

餐桌椅全部进行倒圆角处理，避免日常的磕碰

图 3-7　餐厅区域设计要点解析

① 配色清新自然，浅色基调上点缀玫红、橘红和墨绿，让空间更加丰富及有层次感。

图 3-8　客餐厅区域效果呈现

② 材质的运用简约而自然，主要采用实木和涂料，让空间显得平易近人。

图 3-9　客餐厅与过道的关系

图 3-10　客厅效果呈现

双层窗帘便于采光，同时便于遮阳

家具选型实用简洁，轻便且灵活，客厅空间可以根据使用需求做灵活调整

图 3-11　家具和软饰的选配介绍

过道和次卧：

空间互借，功能叠加，高效利用灰空间，如图 3-15 所示。

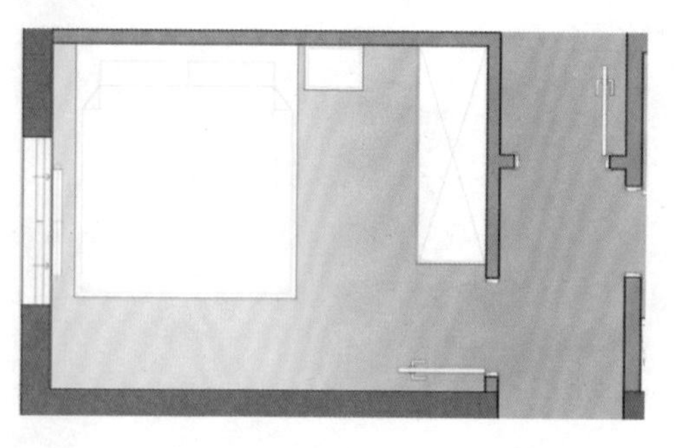

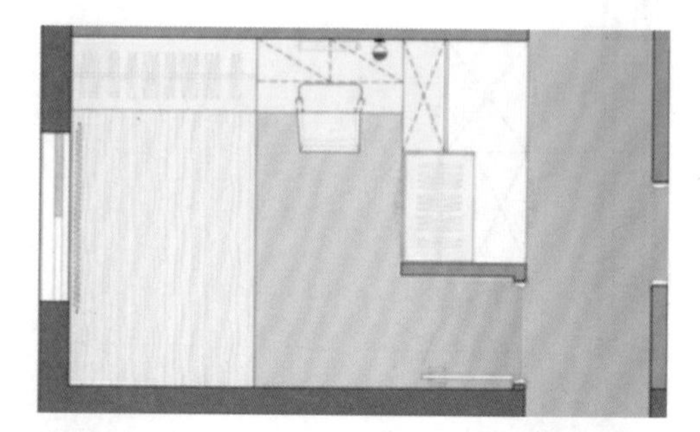

图 3-12　次卧改造前后对比

亮点一：在过道空间植入储物功能，提升灰空间的利用价值。

亮点二：优化次卧布局使之成多功能房间，满足各种不同需求，空间尺度感得以提升。

效果呈现

图 3-13　过道效果呈现

在过道处设置家庭收纳中心，便于存放和拿取物品，同时提升过道空间的利用率。

效果呈现

图 3-14　次卧书桌区效果解析

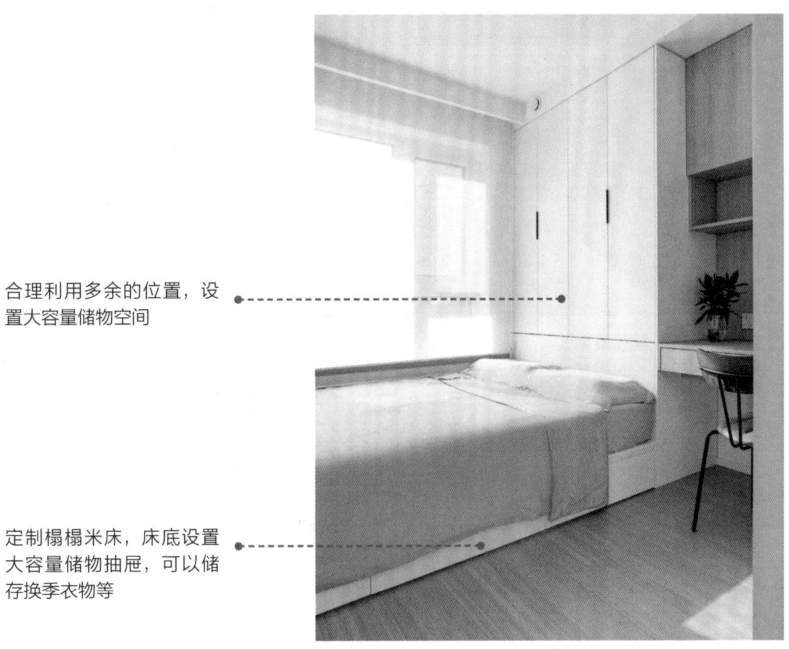

图 3-15　次卧内收纳空间设计

主卧：

优化布局和动线，增加多重功能，如图 3-16 所示。

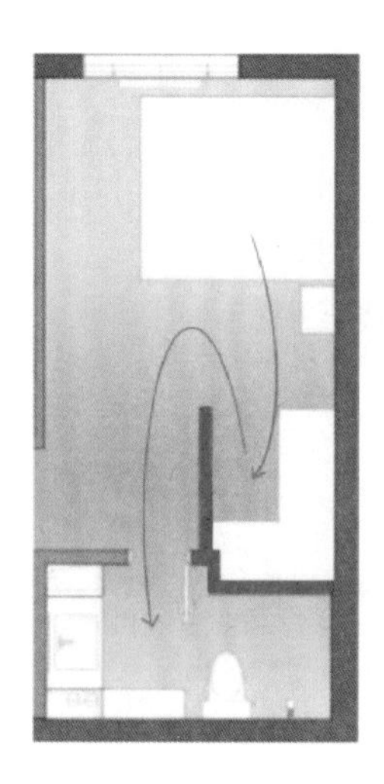

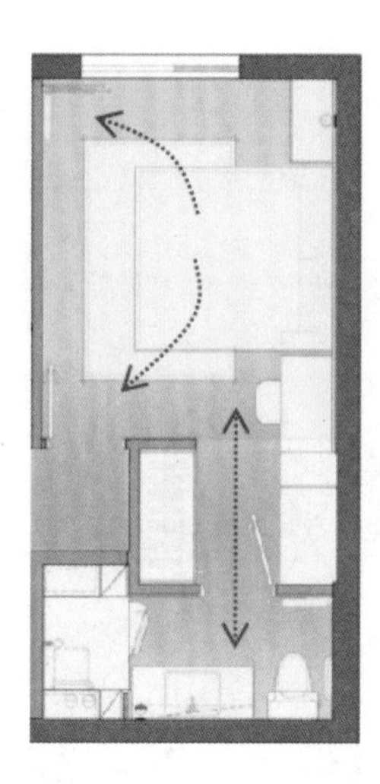

图 3-16　主卧改造前后对比

亮点一：优化睡眠区、衣帽区和卫浴区的功能动线，使空间使用起来更加便捷。

亮点二：增加卧室内的功能，调整床的位置，预留阳光角，方便日后老人在家中休闲，可享受阳光。

效果呈现

卫生间的门设置观察窗，便于日后对老人的照料，更有利于保障老人的安全

卧室内设置书桌区，满足老人放置物品及阅览所需，台面结合柜体一体设计，且设置壁龛区域，供取放常用物品

图 3-17　主卧其他适老化设计要点解析

色彩自然而温馨，材质的搭配舒适实用，有效利用采光条件，营造室内的开阔感。

图 3-18　梳妆台设计

卫浴空间：

优化布局和动线，注重适老化设计，改善室内功能，如图 3-19 所示。

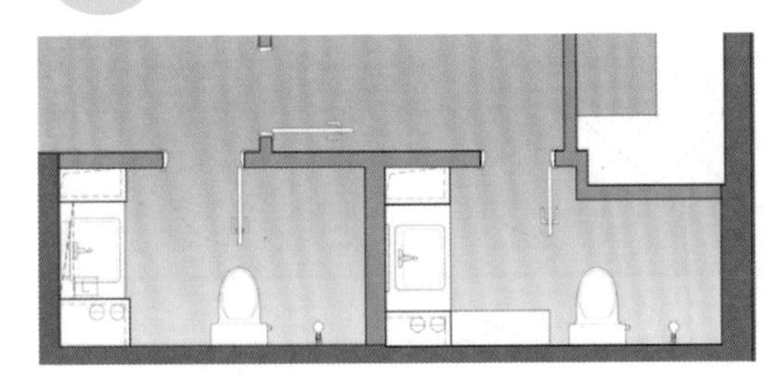

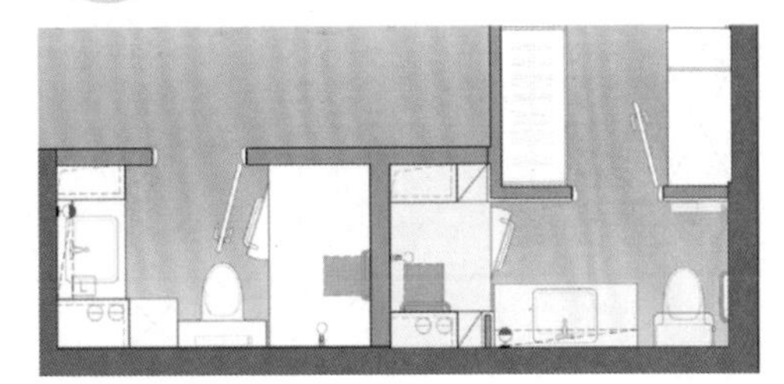

图 3-19　卫生间改造前后对比

亮点一：调整主卫功能布局，做好干湿区的分离，另外增加安全扶手等适老化产品。

亮点二：次卫做好干湿分区。

案例 2　丽水莲花 · 夏阿姨的家

这套房子仅有 50 m²，改造之前是典型的传统一居室户型，单向采光面被三个不同的空间区域分割，功能分区之间较为紧凑局促。在设计改造过程中，设计师巧妙地运用单向采光面的条件，对户型进行半开放洄游式的布局调整，在功能和动线上进行适老化的规划设计。

户型介绍：单面采光且分区较紧凑，图 3-20 是户型改造的前后对比。

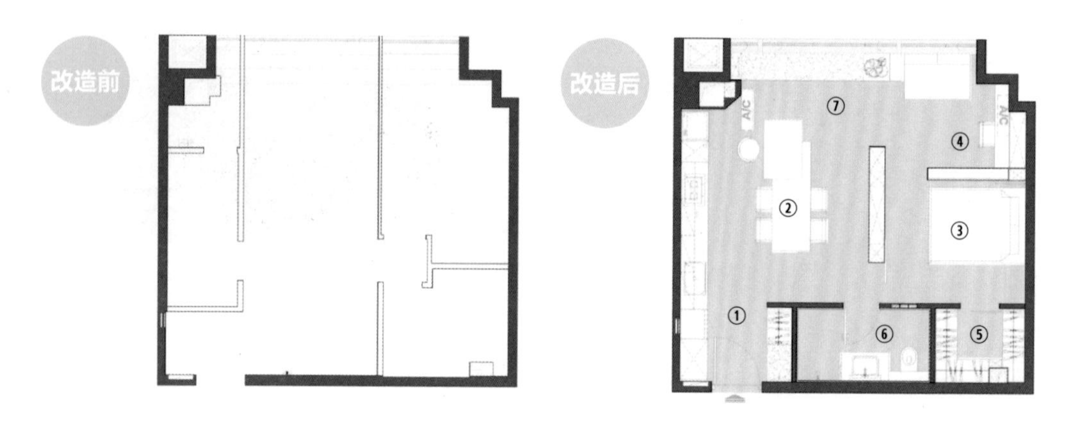

图 3-20　户型改造前后对比

亮点 ①：将门厅与厨房打通，空间互借且增加采光，优化入户动线并增加门厅收纳功能。

亮点 ②：弱化功能分区，采用客餐厅一体化设计，打造多功能互动空间，在公共区域形成洄游动线，优化室内的采光，提升空间尺度感。

亮点 ③：卧室区采用半开放设计，利用柜体隔断和推拉门进行合理分隔，可收可放，双向通道的设计提升采光条件和促进空气流通。

亮点 ④：设置相对独立的工作阅览区，同时结合休闲起居功能，给室内营造一个舒适的阳光角。

亮点 ⑤：在室内采光较差的空间里设置步入式衣帽间，提升空间的价值，同时更加有效合理地进行收纳。

亮点 ⑥：调整卫生间位置和尺度，利用透光玻璃材料增加采光。

亮点 ⑦：将原本“鸡肋”的飘窗区域进行设计改造，结合起居空间和景观阳台的功能，打造成一个家庭成员互动、室内与自然互动的动态区域。

项目信息介绍：

- 设计团队：木本清源
- 项目地址： 北京西城
- 项目类型：全案设计、基装施工、物料配置
- 设计面积：50 m^2
- 设计时间：2021 年 3 月
- 主创设计：李鑫
- 落地团队：李慧雯、李立峰、石龙武、陈强、任明艳
- 文图提供：木本清源
- 空间摄影：立明
- 图文编辑：韩婷

各区域储物空间示意图

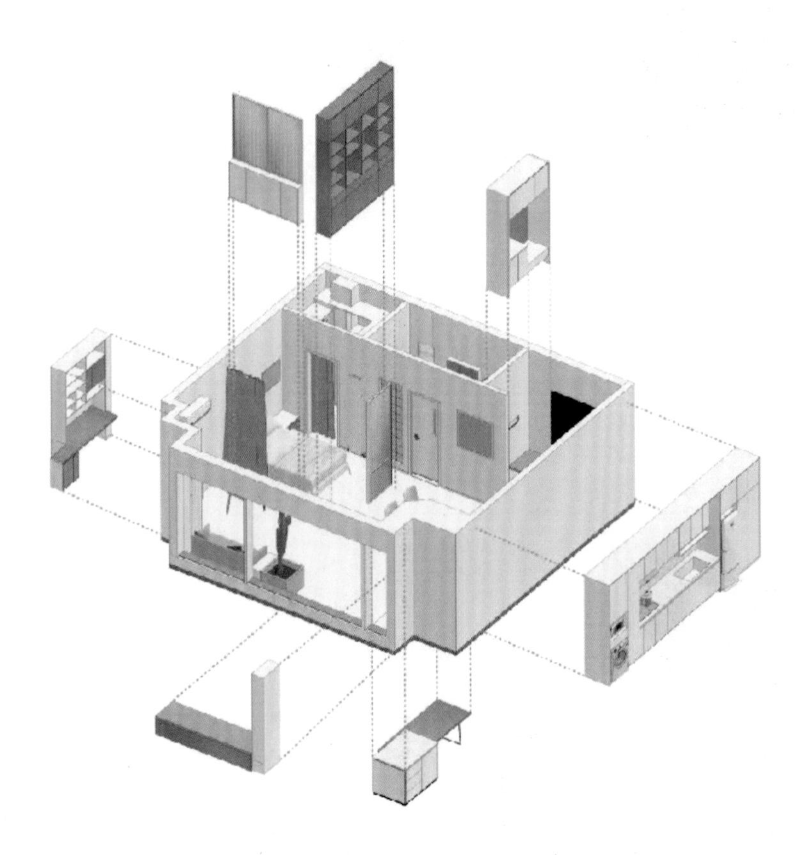

图 3-21　收纳空间示意

门厅效果呈现

改造前

改造后

嵌入式电器柜作为餐厨区功能的延伸，同时让门厅空间看起来更加规整

玄关柜的设计涵盖多重功能，底空换鞋区、地柜收纳区、换鞋凳、置物台、挂衣区、高柜收纳区等，满足各种使用需求，适合老人使用

门厅和餐厨区空间连通后，采光条件大大提升，动线也更加流畅

图 3-22　门厅改造前后对比

厨房区域效果呈现

改造前

改造后

开放式厨房设计，采光条件更加优越，操作动线更加流畅，对于老年人来说，可以提升生活便捷性

整排连贯的操作台面提升操作的便利性

过渡处选用不同的地铺材质，注重材料的防水防滑性，提高居家安全系数

图 3-23　厨房改造前后对比

客餐厨区域效果呈现

图 3-24　客餐厅改造前后对比

电器和收纳空间被整合在嵌入式橱柜内，开放式厨房和岛台设计让人在拥有良好膳食体验的同时，还能坐拥绝好的室外视野。

图 3-25　客餐厨区域效果呈现

图 3-26　多功能餐岛台设计

起居互动区效果呈现

将室内的主要采光面进行连通处理，增强视野体验感和采光度，景观飘窗区域也成了小外孙主要阅读玩耍的区域。而另一侧窗边则打造成夏阿姨的休闲阅览区，可以弹琴、阅览和工作。

图 3-27　多功能休闲区效果呈现

卧室效果呈现

半开放卧室的布局设计，让老人日常生活更加便捷和自由。通过玻璃推拉门实现双向通道灵活收放，使卧室既相对独立又显得开敞通透，通风和采光条件也非常良好。当老人年龄渐长需要人照顾时，也便于护理人员的照顾和监护。

图 3-28　暗卫透光墙设计

图 3-29　无高差移门设计

案例 3　顺心禧居 · 养老公寓

户型介绍：公寓面积 36 m^2，主要是为 70 岁以上的老年夫妻设计的，用来养老居住。整个公寓以中性色为主，为长者营造出自然静谧的居住氛围。在功能配置上，关注老年人生活的舒适性和安全性，从各细节上进行适老化设计，如图 3-30 所示。

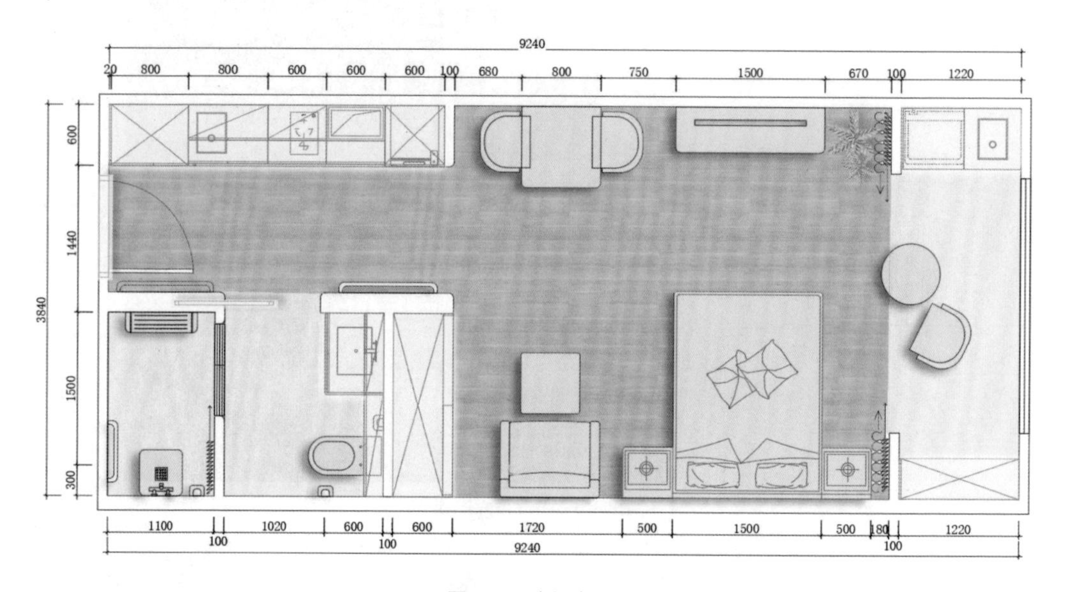

图 3-30　空间布局

自然温馨居所：合理利用采光，注重功能需求和安全性。

在入户处将玄关柜和橱柜进行一体式打造，整体性更强，空间利用率更高。入户动线合理流畅，将阳光最好的位置留给使用频率最高的空间，大幅提高各个空间的利用率。

项目信息介绍：

- 设计公司：志邦家居
- 项目地址：安徽省合肥市志邦家居总部
- 项目类型：养老公寓
- 设计面积：36 m^2
- 设计时间：2022 年 6 月
- 主创设计：志邦工程研发团队
- 落地团队：志邦工程研发团队

入户玄关柜下设置换鞋凳，方便老人进出换鞋，同时在墙面上增加扶手，方便起身借力。

玄关柜旁连接一字形橱柜，洗、切、烧核心三角功能区齐备，满足厨房使用功能。将微波炉和小冰箱嵌入高柜中，满足老人偶尔加热食品和存放食品的需求，如图 3-31 和图 3-32 所示。

图 3-31　餐厨区效果呈现

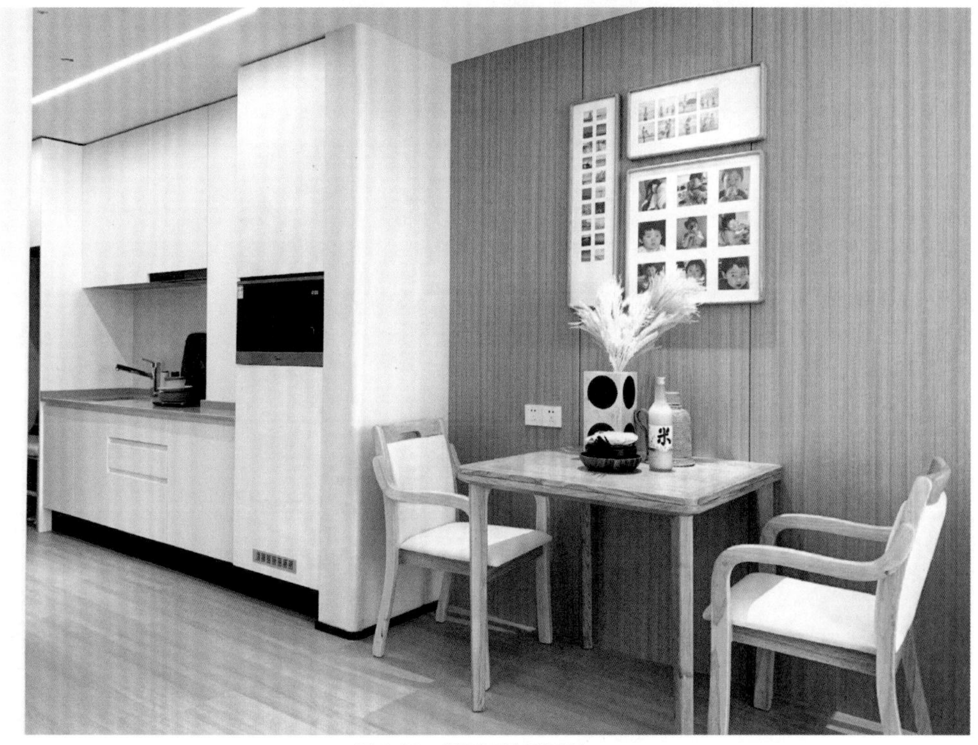

图 3-32　餐厨区关系呈现

餐厅虽小，但自成区域，且餐桌椅都选配实木材质，餐椅自带扶手，方便老人起身借力，如图 3-32、图 3-33 所示。

图 3-33　餐厅家具选型

图 3-34　睡眠区效果呈现

卧室采用实木家具，所有家具采用圆弧设计，避免意外磕碰造成伤害。沙发、床垫选用硬质座面，支撑性更好，坐下、起身更省力。床边增加可移动扶手，方便老人起夜时借力，也能防止意外跌落。床头设有紧急呼叫按钮，让老人睡眠时更安心，如图 3-34、图 3-35 所示。

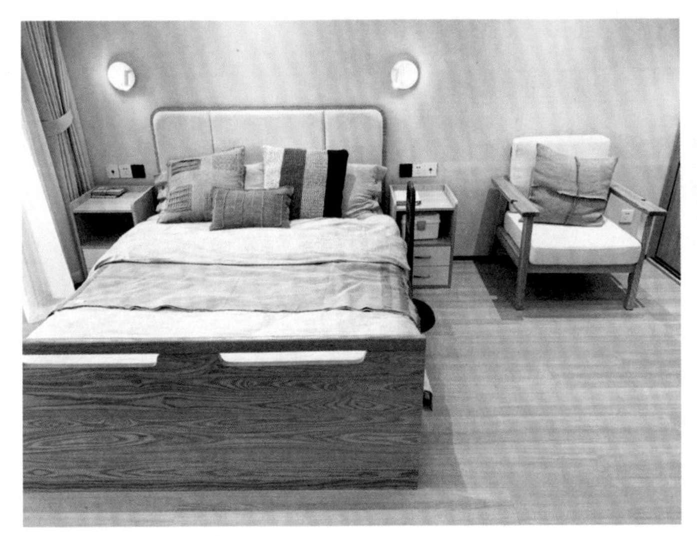

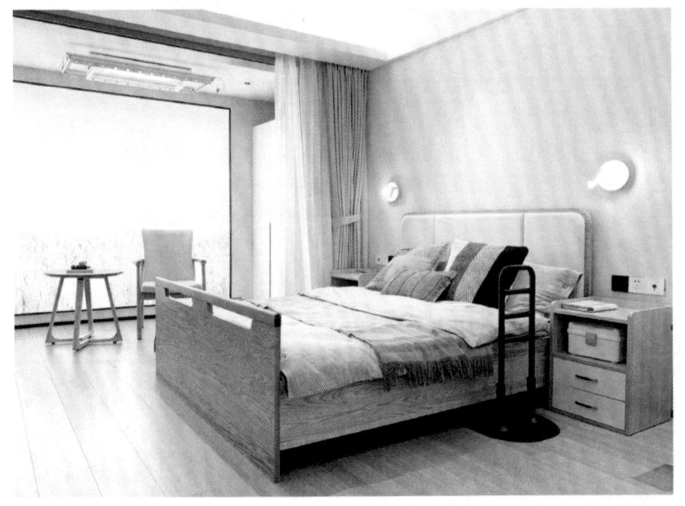

图 3-35　卧室适老化家具展示

图 3-36　适老化移门衣柜设计

定制移门衣柜，开启时不影响过道空间，内部空间合理规划符合老年人使用习惯，配置升降挂衣杆方便轮椅老人使用，如图 3-36 所示。

入户右侧是干湿分离的卫浴空间，墙地面使用微水泥材质，安全、防滑、不冰冷，墙角圆弧设计避免磕碰，如图 3-37 所示。

进门采用隐形口袋门设计，加大拉手方便推拉，开启时不影响轮椅进出。

卫浴地柜的分段悬挂设计，搭配上方的可翻转斜面镜，方便使用轮椅的老人坐姿时使用，如图 3-38 所示。

图 3-37　适老化卫浴空间效果呈现

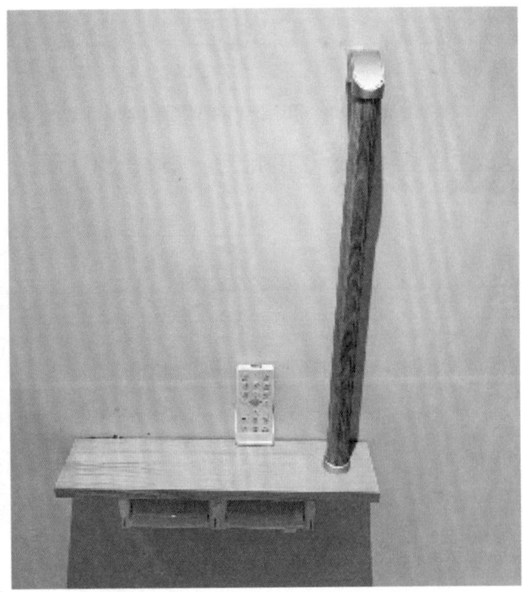

图 3-38　适老化卫浴产品

坐便器增加前扶手和护板扶手，如厕前后起身可借力。浴室采用浴帘设计，避免玻璃门产生安全隐患。花洒下方配置洗浴凳，扶手带防滑颗粒，洗澡时更加轻松省力，如图 3-39 所示。

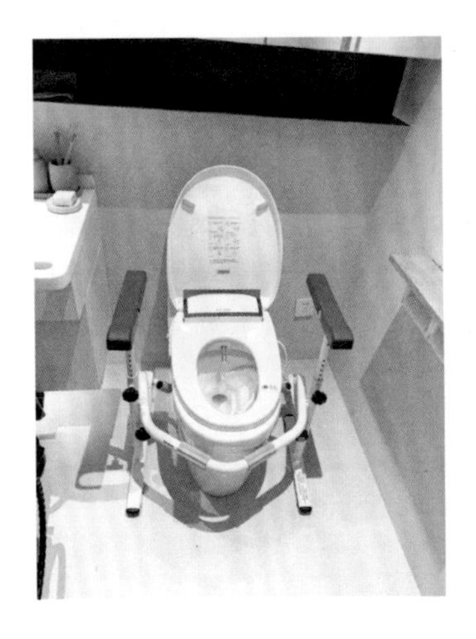

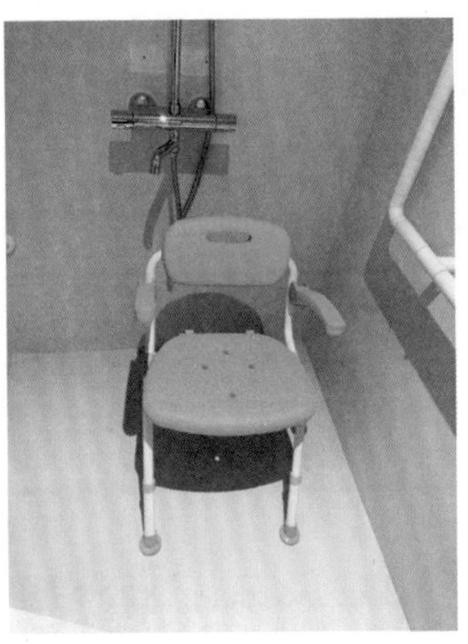

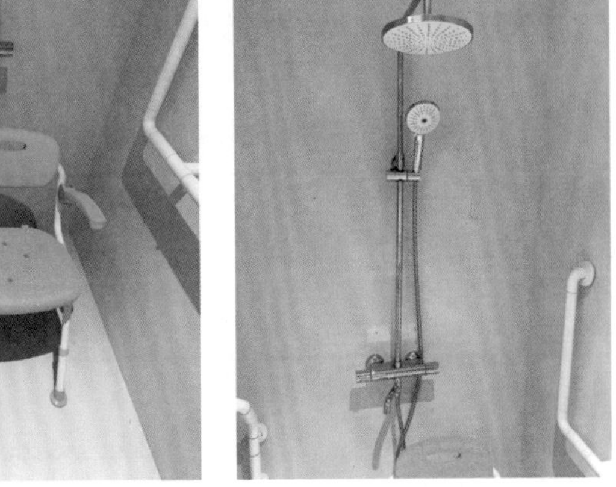

图 3-39　其他适老化卫浴产品介绍

案例 4　舒心雅居 · 居家养老

户型介绍： 这个两居室户型面积共 81 m²，针对可以自理的老年夫妇设计，整体设计结合老年人的生活习惯和痛点量身定制，如图 3-40 所示。

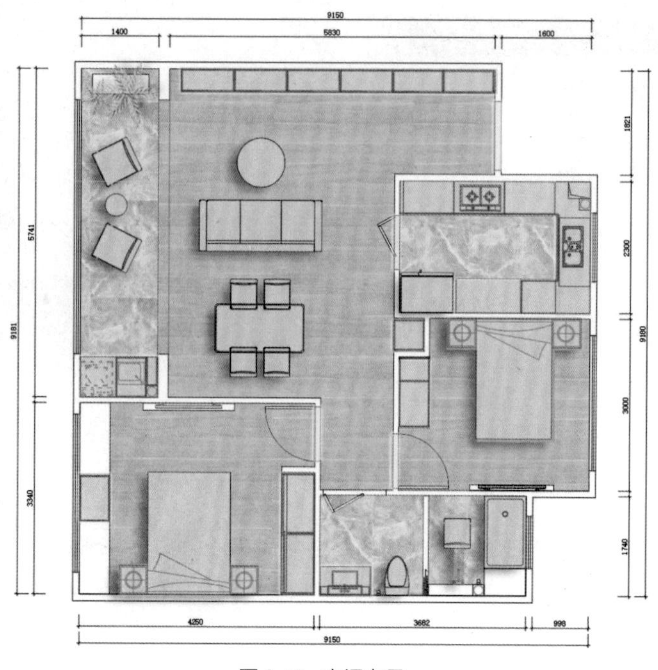

图 3-40　空间布局

舒心居家养老： 注重功能需求和安全性，并提升空间尊享性。

横厅设计

户型选用的横厅结构的房型，将采光最好的地方留给主卧阳台及客餐厅，公共区域宽敞开阔，居家养老再合适不过。

项目信息介绍：

- 设计公司：志邦家居
- 项目地址：安徽省合肥市志邦家居总部
- 项目类型：养老公寓
- 设计面积：81 m²
- 设计时间：2022 年 6 月
- 主创设计：志邦工程研发团队
- 落地团队：志邦工程研发团队

动线合理规划

卫生间预留在主卧和次卧之间，尽量缩短了老人起夜的活动路线。

入户采用整面定制柜设计，玄关区域设置换鞋凳，搭配了扶手和软包坐垫，背板上的挂钩供临时挂衣，进出换鞋换衣更加方便安全，如图 3-41 所示。

图 3-41　大容量收纳空间

客餐厅家具的选择也考虑了老年人的使用特点。在材质上，选用北美进口特级白蜡木，质感温润。在细节上，所有家具阳角采用圆弧角设计，避免磕碰。沙发、餐椅座面加强硬度，起坐不易塌陷，更适合老年人使用，如图 3-42 所示。

图 3-42　客餐厅适老化家具选型

阳台区域考虑老人休闲及种植的爱好，准备了休闲椅和花架，让老人在居家的同时享受闲暇时的小爱好，陶冶情操，如图 3-43 所示。洗衣机旁预留洗拖一体机位置，智能语音控制，从而解放双手。

图 3-43　阳台设计展示

厨房采用了折叠门的设计，增大开门尺寸，符合适老化的尺寸要求。采用高低台面设计，抬高洗涤区，洗菜不弯腰，降低烹饪区，炒菜不费力，更加符合人体工程学。灶具定时防干烧，抽油烟机挥手可控，老人使用方便安全。不锈钢大单槽和抽拉式水龙头搭配嵌入式洗碗机，洗碗洗菜省心省力。在台面前沿设计挡水条，防止水流滴落地面，避免滑倒。部分台面悬空设置，可放置蔬菜篮，收纳无须冷藏的新鲜食材，还可满足轮椅使用者的使用需求，如图 3-44 所示。

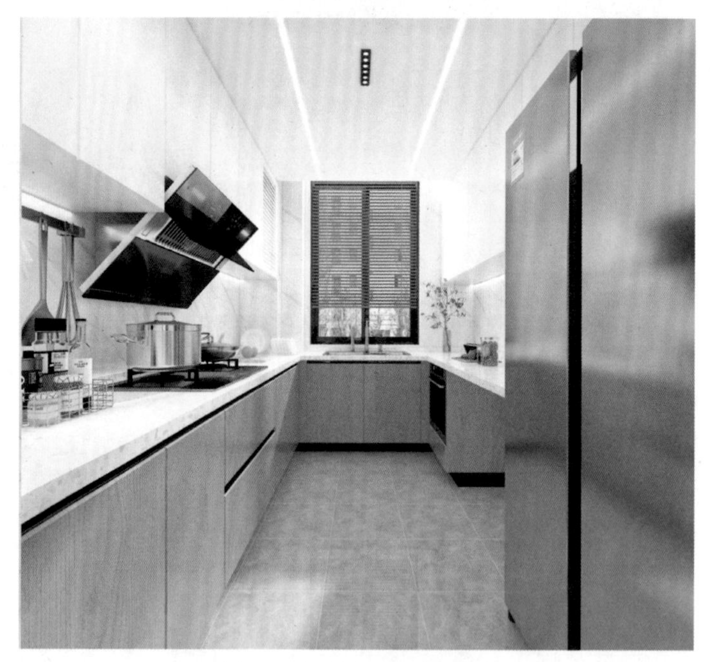

图 3-44　适老化厨房效果呈现

主卧衣柜采用移门设计，柜门开启不影响过道空间。实木床加软包床头，增强床垫硬度，符合老人使用习惯。飘窗配置小茶桌，阳光下品茗，温暖又惬意，如图 3-45 所示。

图 3-45　卧室效果呈现

图 3-46　适老化台盆

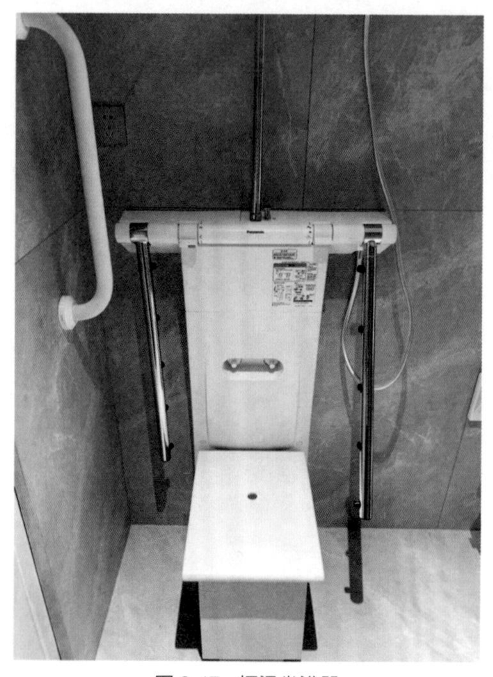

图 3-47　恒温坐浴器

卫生间在主卧和次卧之间，尽量缩短了老人起夜的活动路线。卫浴柜搭配带扶手一体盆，方便老人使用时借力，适当预留内空的区域，便于坐轮椅的老人使用，如图 3-46 所示。洗浴区设置恒温坐浴器，四面皆可出水，如图 3-47 所示。另外还设置了可步入式浴缸，方便有泡澡需求的老人使用，让洗澡成为一种享受，如图 3-48 所示。

图 3-48　步入式浴缸

全屋智能：提升居住便利性和安全性。

为了提高居家养老的安全性与便利性，方案中使用了智能家居产品，例如电动窗帘、电器语音控制、智能猫眼、语音管家等设备。感应小夜灯、折叠扶手、SOS一键报警器、起身助力扶手也为老人的居家生活提供了安全保障。

案例 5　天宁寺北里 · 纽带

户型介绍： 本案例原本是相连的一梯两户，业主想要把两套房子改造成一套大平层，常住人口除了业主夫妻还有长辈，未来还会有小宝宝居住，所以这套三代人同住的房子不仅要考虑年轻人的需求，而且要考虑到老人和宝宝的生活方式。户型改造前后对比如图 3-49 所示。

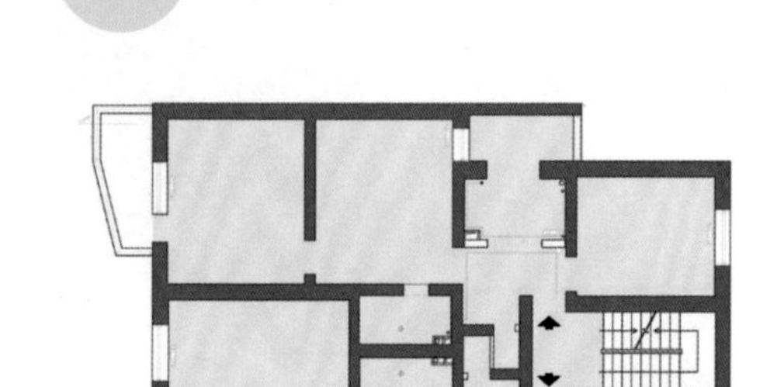

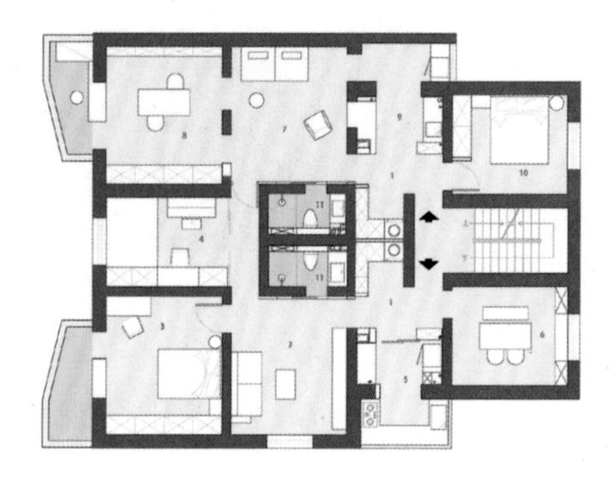

图 3-49　改造前后对比

两代同堂居家养老： 注重功能需求和安全性，三代空间相互独立又互相照应。

户型布局设计

户型划分为两大部分，内部呈洄游动线，可供三代人居住，各自享有自己的独立空间，又能相互照应。注重规避动静两区的相互干扰，年轻人即便日常外出或晚归，也不会对老人的起居造成过多的干扰。

项目信息介绍：

- 设计公司：云深空间设计事务所
- 项目地址：北京市天宁寺北里
- 项目类型：私宅设计
- 设计面积：180 m^2
- 设计时间：2022 年
- 主创设计：牧谣
- 落地团队：云深空间设计事务所、云深装饰

规划灵活适老

老人居住空间分布在采光和通风条件都较好的南面，空间的布局较为灵活，可以根据不同时期或不同功能需求做出相应的调整，对老人而言更加舒适。

餐厨空间

餐厨区域的设计简约而实用，利用浅色基调和温润的木色，晕染出空间温馨自然的质感。在地铺材料的选择上也做了一定的区分，既注重洁污分区，又消除高低差，如图 3-50 所示。

图 3-50　餐厨区过道及厨房内部设计

图 3-51　吊轨推拉门消除地面高差

图 3-52　独立餐厅空间

起居室与西厨空间

起居室与西厨区域相连接，墙面与门洞之间的处理非常具有整体性，让空间看起来更加整洁。

图 3-53　起居室与西厨区相连接

图 3-54　门洞与背景墙一体设计

将全屋都进行了无高差的设计，既适老又适幼，简练明亮的基调给人一种轻松感。

图 3-55 隐形门设计

图 3-56 隐形门的设计实现空间的自由收放

室内外之间的关系也处理得较为巧妙，光线和气流可以在每个区域之间穿梭，将住宅原来的一些难题进行巧妙处理。

图 3-57　起居室与书房的关系

每个区域的设计都收放自如，不但提升了各空间之间的互动性，而且保证了其独立的功能性，让旧房改造项目体现出更多的设计感和价值感。

图 3-58　原封闭厨房改开放式西厨空间

图 3-59　西厨区域功能区

客厅空间

将室内采光好的房间留给长辈，供其日常休闲和起居，良好的采光和通风可以为长辈提供舒心舒适的环境，体现孝亲房的主旨。

图 3-60　南面客厅空间

客厅的布局形式较为灵活，布局简单舒适，可收可放，空间的轮廓形态也美观、现代且大气，更能体现空间的价值。

图 3-61　客厅与起居室的设计相呼应

图 3-62　简约悬挑电视柜美观又适老

图 3-63　客厅采光和通风条件较好

书房空间

书房空间与起居室相连接，既满足日常休闲、饮茶、阅览等需要，还具备一定的收纳功能。随着时间的推进和需求的变化，还可将书房作适当的功能调整，体现出空间的可持续性。

图 3-64　书房布局简约功能多元

图 3-65　书房与阳台结合，优化室内的体验感

主卧空间

将较为封闭的东北角作为私密性较高的卧室使用，空间的利用更为合理。

图 3-66　主卧设计简约实用

儿童房空间

儿童房呈多功能布局，采用了折叠推拉门、无高差设计、悬挑柜体，这些无一不体现出设计的巧妙及用心，让本来狭小的空间使用起来更加舒适。

图 3-67 儿童房空间重构

图 3-68 全屋无高差设计适老又适幼

卫生间空间

卫生间的空间布局设计合理，干湿区域之间做了相应的处理，避免造成安全隐患，同时也具有较强的收纳功能。

图 3-69　集功能与美观于一体的浴室柜

第 3 部分

适老化住宅设计的总结及延伸

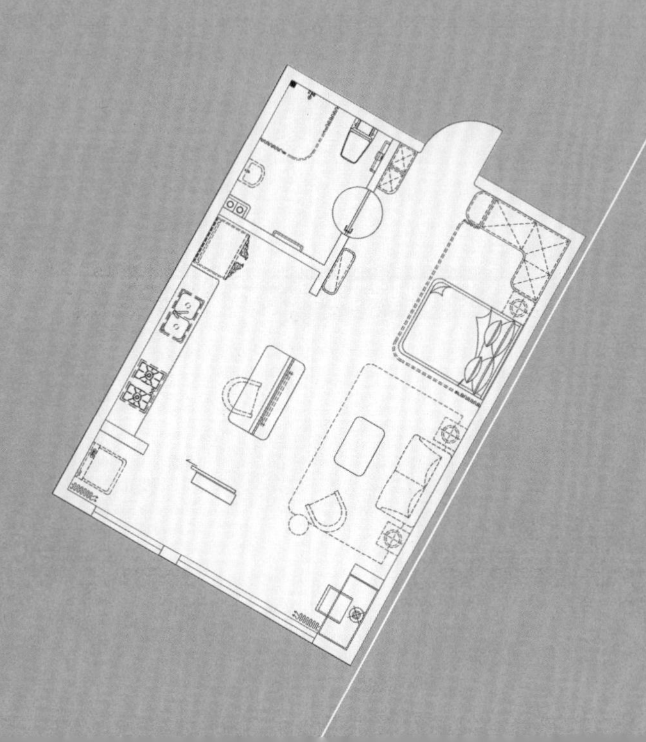

第 4 章

适老化住宅设计的整体规划与可拓展性

第 1 节　适老化住宅设计的整体规划概括

适老化住宅设计的前期规划

进行适老化住宅设计的前期规划，可以确保设计方案符合老年人的需求和标准，同时保证项目的可行性和经济性。概括来说，可以分别从景观、配套和室内等方面进行全面合理的前期规划。

（1）如图 4-1 ～图 4-6 所示，进行适老化住宅设计的景观条件前期规划，可以从以下几个方面入手：

- 分析地形与环境

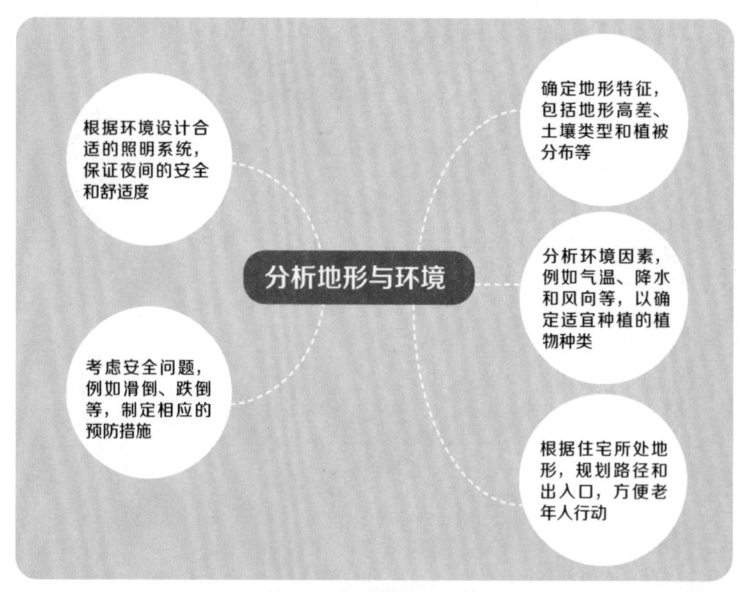

图 4-1　分析地形与环境

● 规划植物配置与布局

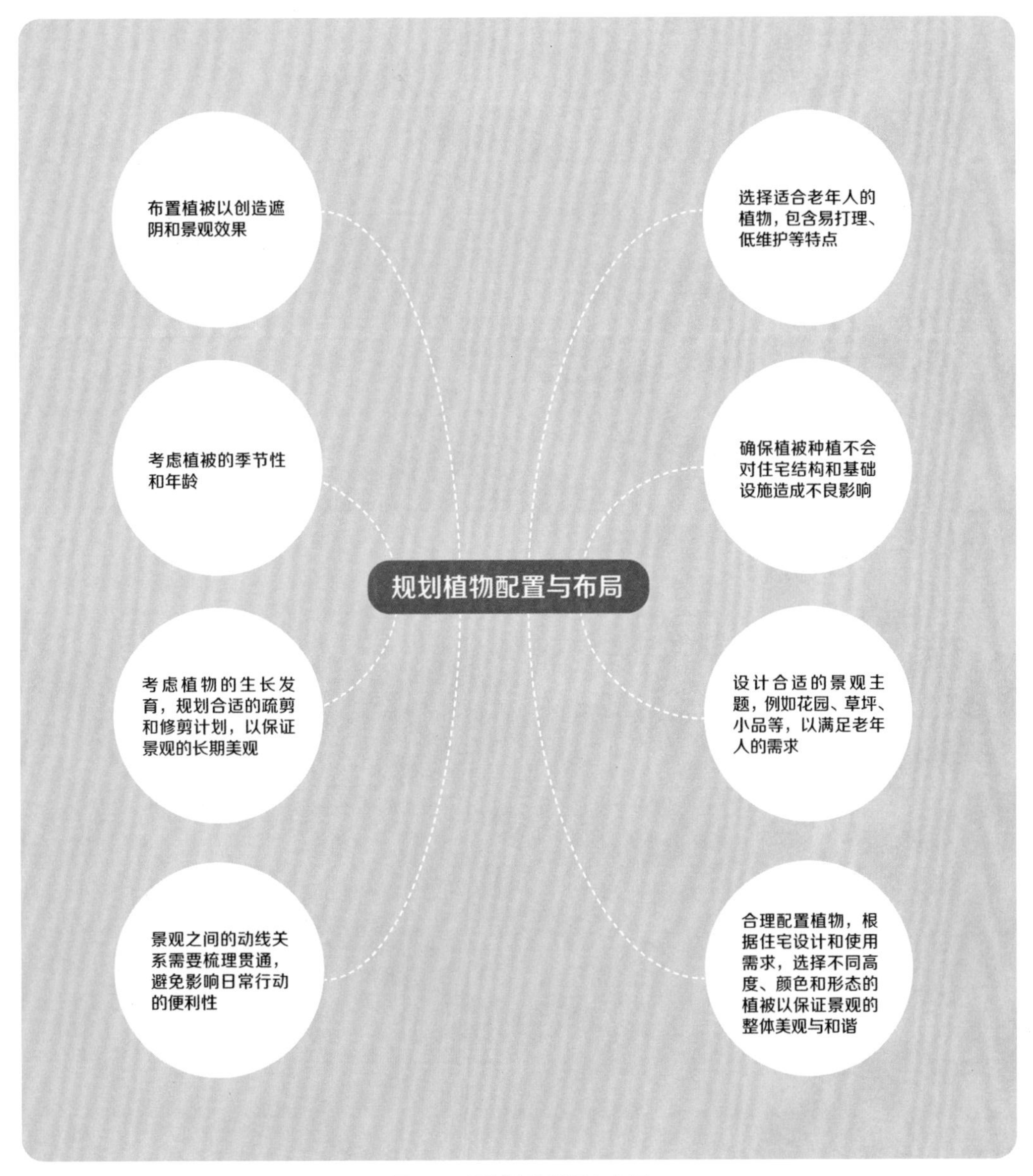

图 4-2　规划植物配置与布局

● 规划景观设施和硬件配套

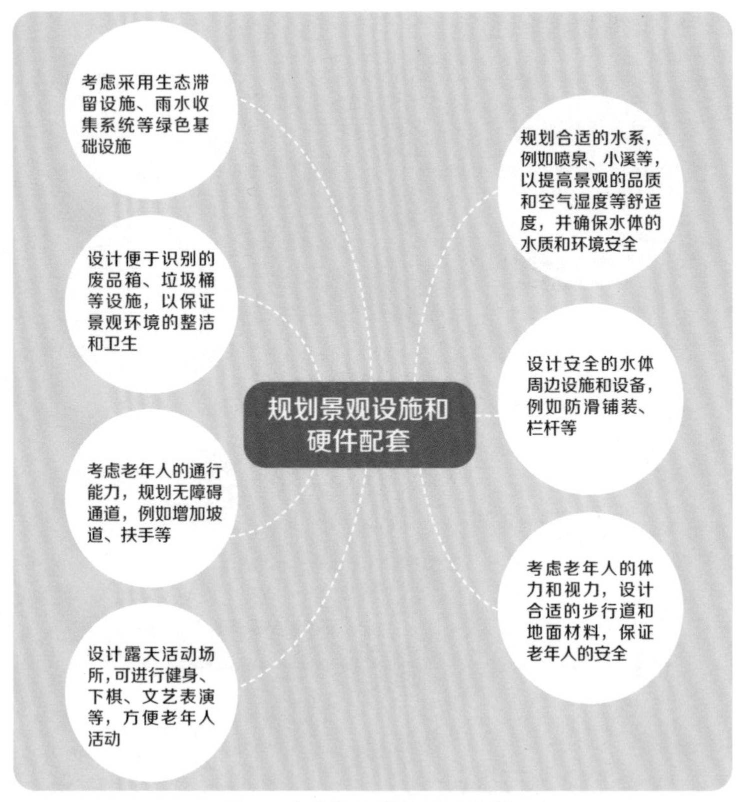

图 4-3　规划景观设施和硬件配套

● 考虑色彩与材料搭配

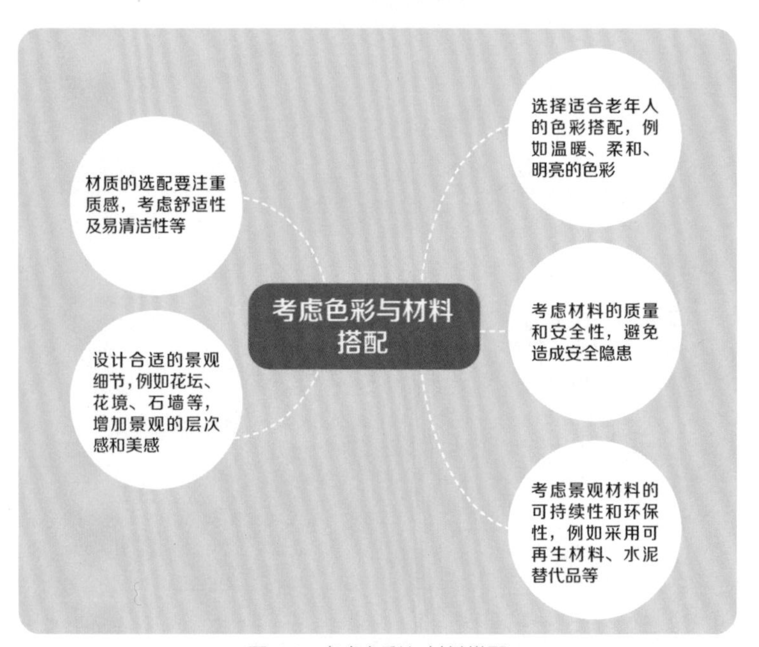

图 4-4　考虑色彩与材料搭配

● 注重生态系统和生物多样性

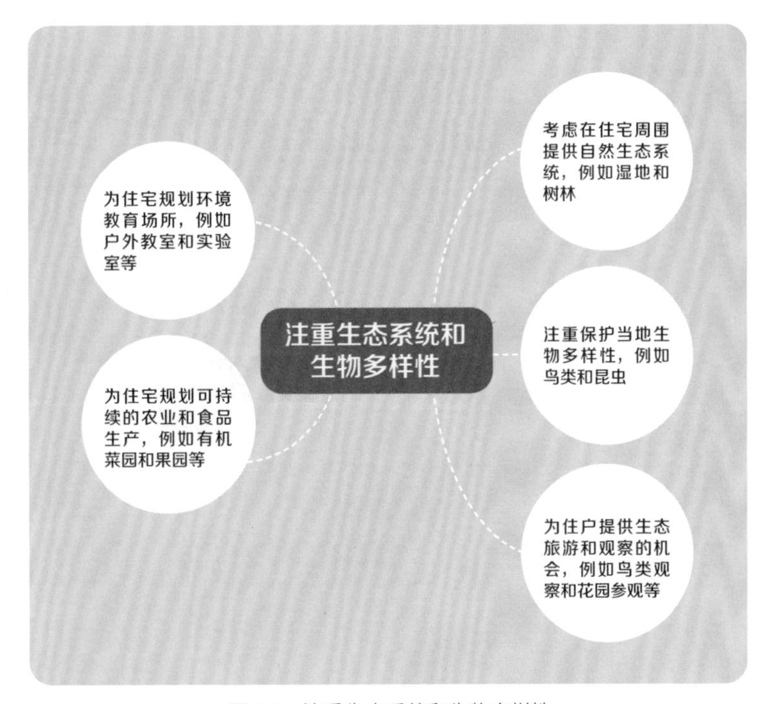

图 4-5　注重生态系统和生物多样性

● 考虑园艺维护和保养

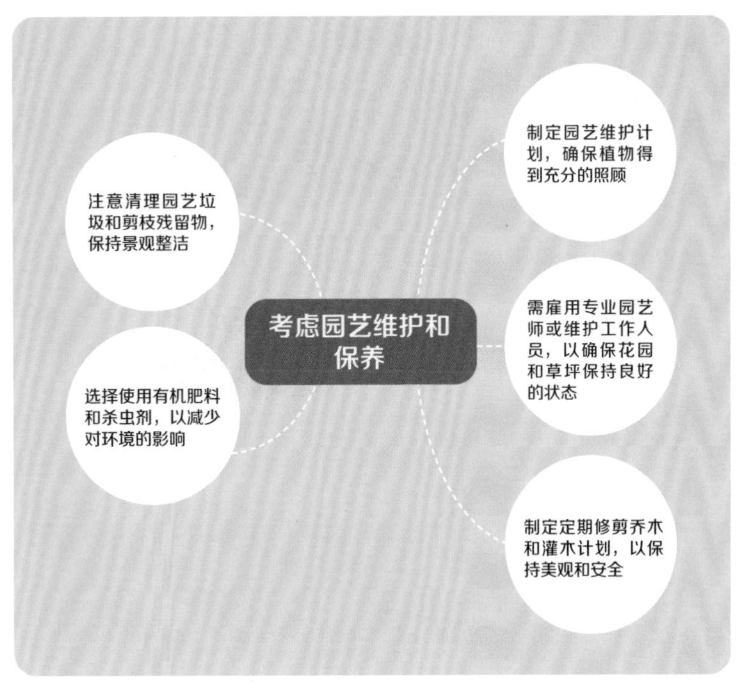

图 4-6　考虑园艺维护和保养

（2）如图 4-7 ~图 4-11 所示，适老化住宅设计的配套条件包括以下几个方面：

- 规划设施和设备配套

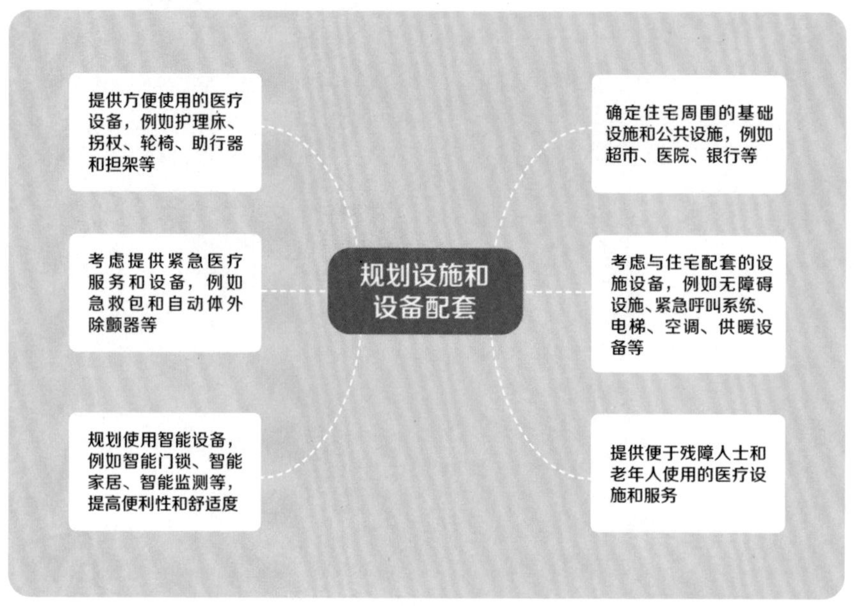

图 4-7　规划设施和设备配套

- 规划社交空间配套

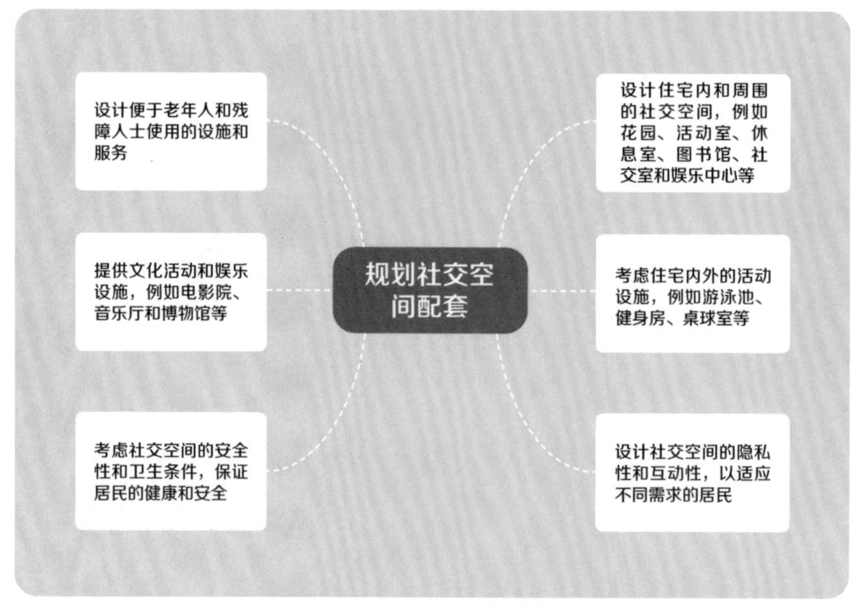

图 4-8　规划社交空间配套

● 规划安全管理配套

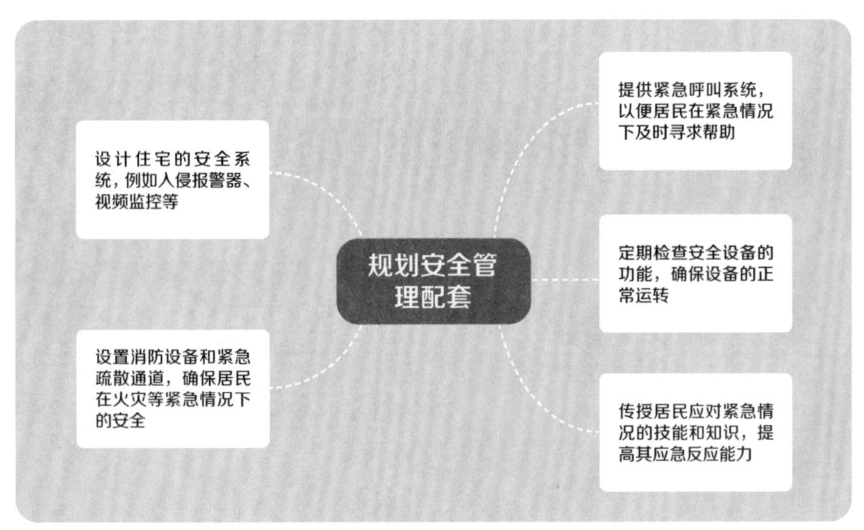

图 4-9 规划安全管理配套

● 规划公共服务配套

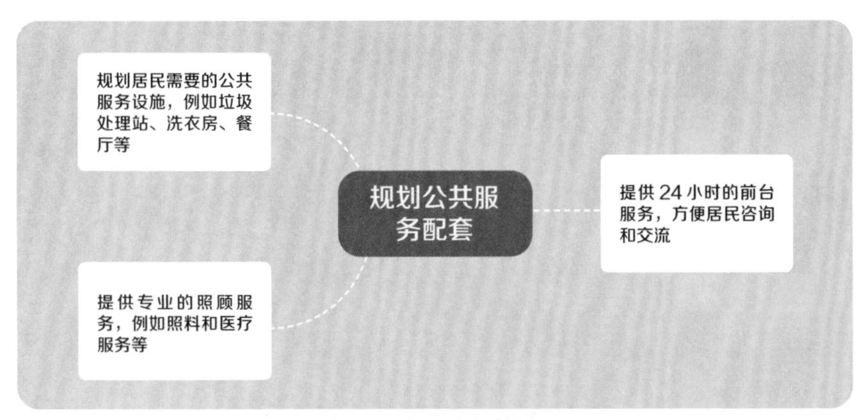

图 4-10 规划公共服务配套

● 注重环境保护和可持续性

图 4-11 注重环境保护和可持续性

（3）适老化住宅设计的室内前期规划需要考虑到老年人的特殊需求和限制。图 4-12 ~ 图 4-18 所示是一些指导性的步骤。

● 考虑空间布局条件

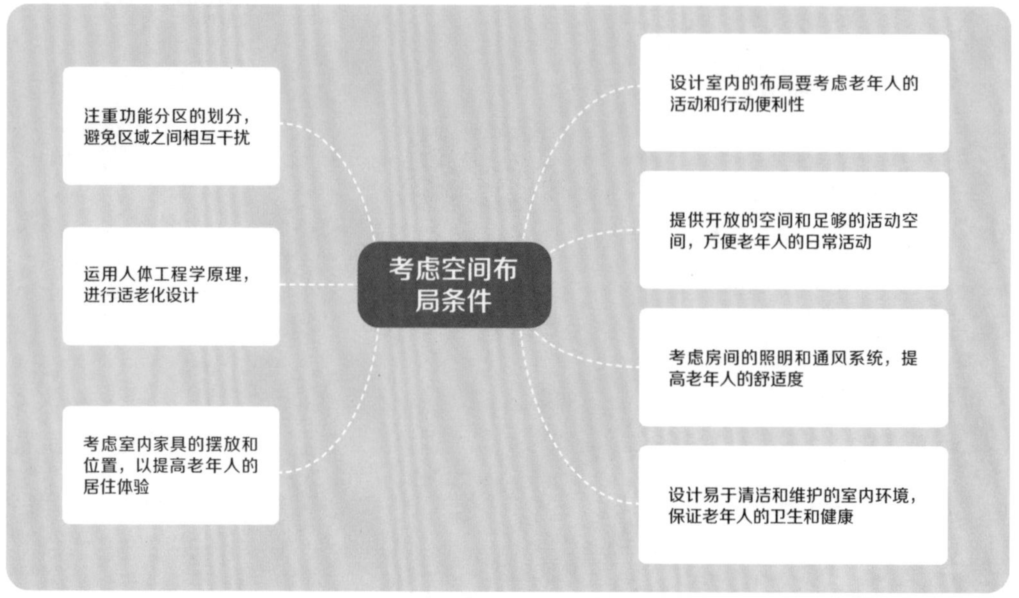

图 4-12　考虑空间布局条件

● 考虑室内设备条件

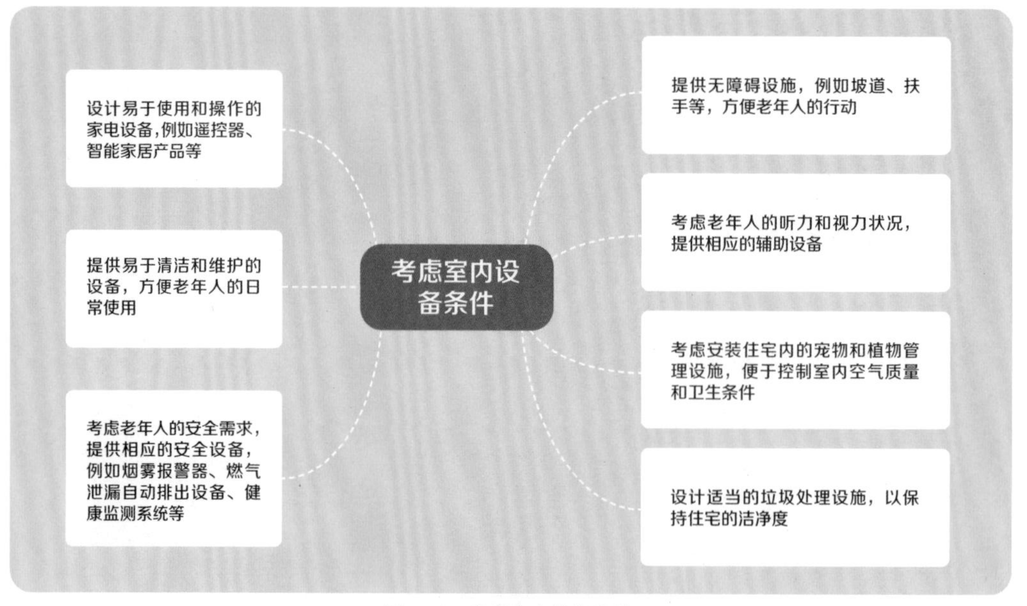

图 4-13　考虑室内设备条件

● 规划色彩和材料运用

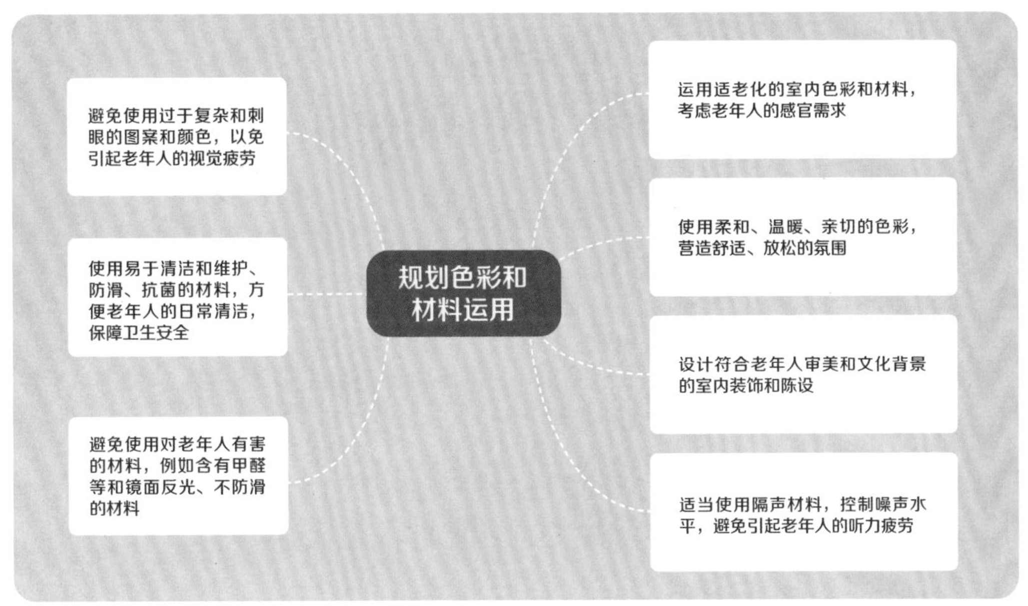

图 4-14　规划色彩和材料运用

● 规划照明设计

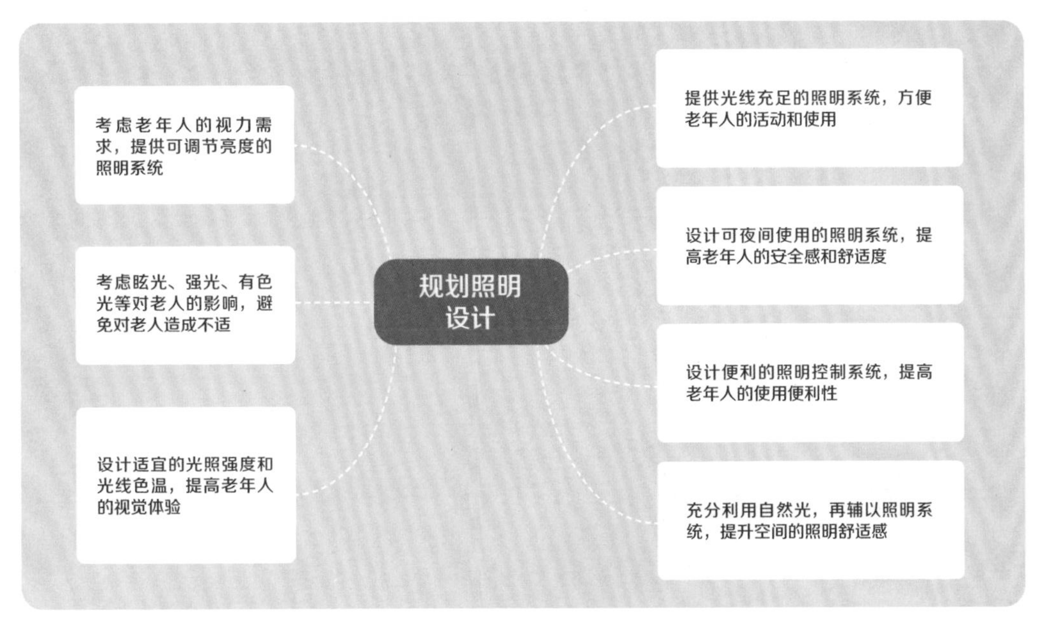

图 4-15　规划照明设计

- 其他设备和家具

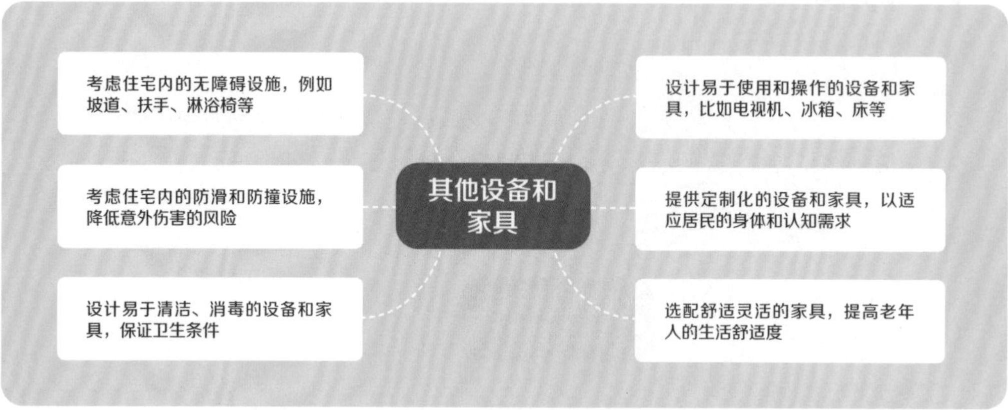

其他设备和家具
考虑住宅内的无障碍设施，例如坡道、扶手、淋浴椅等
考虑住宅内的防滑和防撞设施，降低意外伤害的风险
设计易于清洁、消毒的设备和家具，保证卫生条件
设计易于使用和操作的设备和家具，比如电视机、冰箱、床等
提供定制化的设备和家具，以适应居民的身体和认知需求
选配舒适灵活的家具，提高老年人的生活舒适度

图 4-16　其他设备和家具

- 空气质量和温度控制

空气质量和温度控制
考虑住宅内的通风和空气交换设施，满足居民的健康需求
提供恰当的温度控制，保持舒适的室温
设计住宅的通风和空调系统，提高空气质量和温度控制
考虑住宅内的加湿和除湿设备，以便控制湿度
设计易于清洁和维护的空气质量和温度控制设备

图 4-17　空气质量和温度控制

- 规划智能化设计

规划智能化设计
规划智能家居设备和系统，例如智能门锁、智能家居控制器等
设计易于使用和操作的智能化设备，以提高老年人的使用便利性

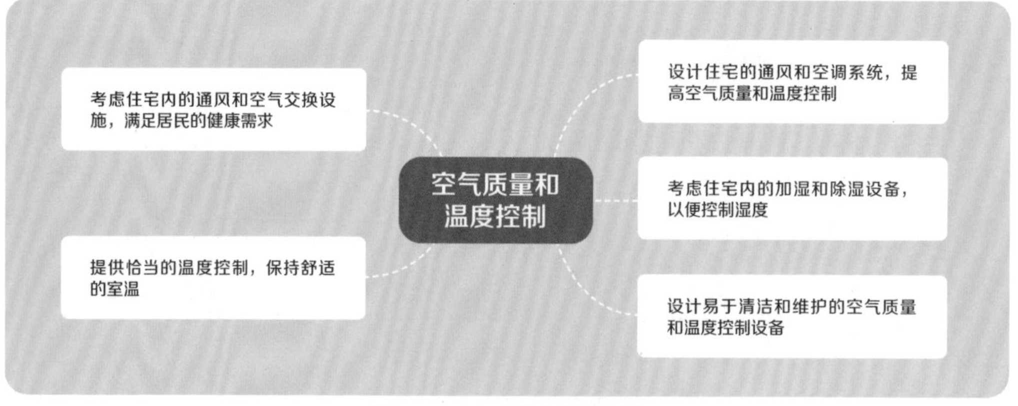

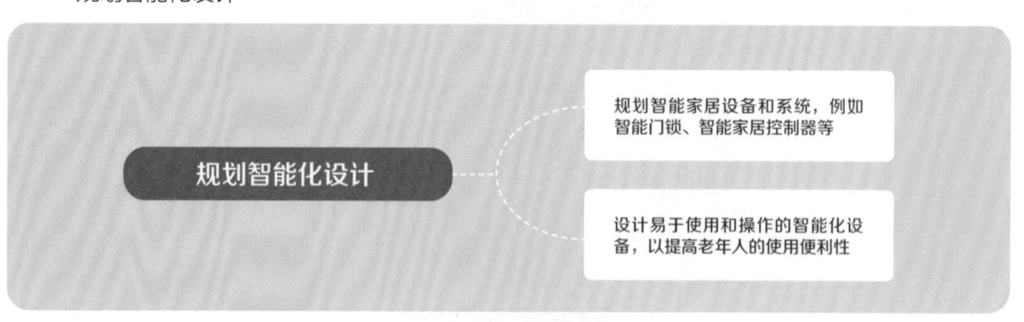

图 4-18　规划智能化设计

适老化住宅设计的开展与落地

（1）适老化住宅设计的开展

适老化住宅设计需要考虑到老年人的特殊需求和情况，个性化地进行相应的各领域设计。如图 4-19，在开展适老化住宅设计的时候，可以从以下几个方面入手：

● 适老化住宅设计的开展

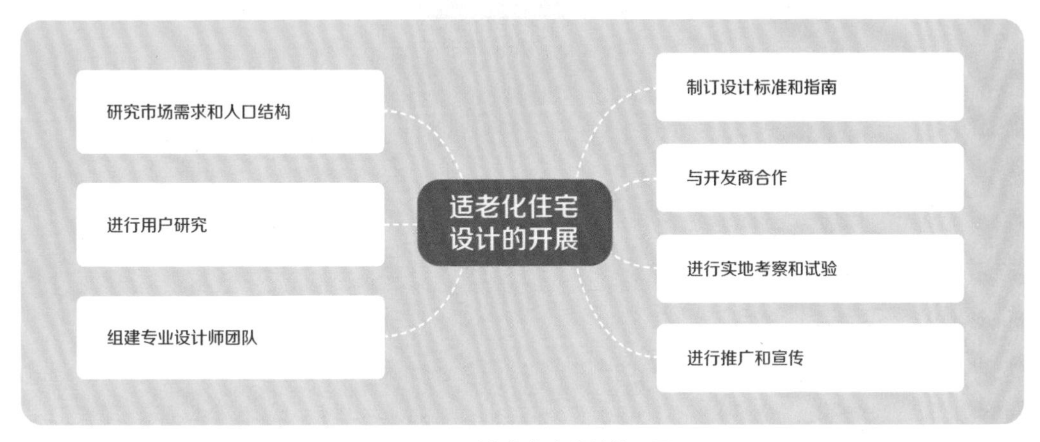

图 4-19　适老化住宅设计的开展

进一步来说，又可以分别按照以下的途径和步骤开展（图 4-20 ~图 4-25）：

● 研究市场需求和人口结构

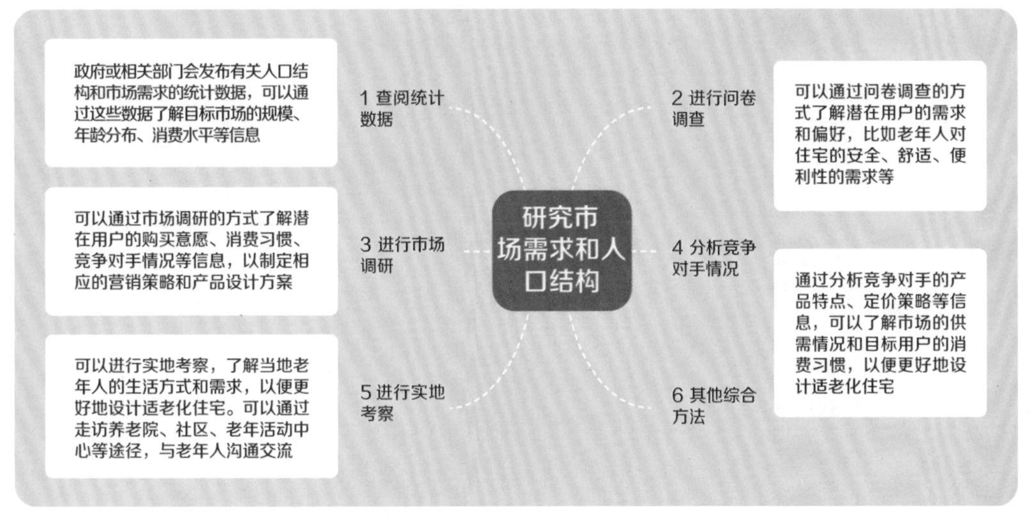

图 4-20　研究市场需求和人口结构

- 进行用户研究

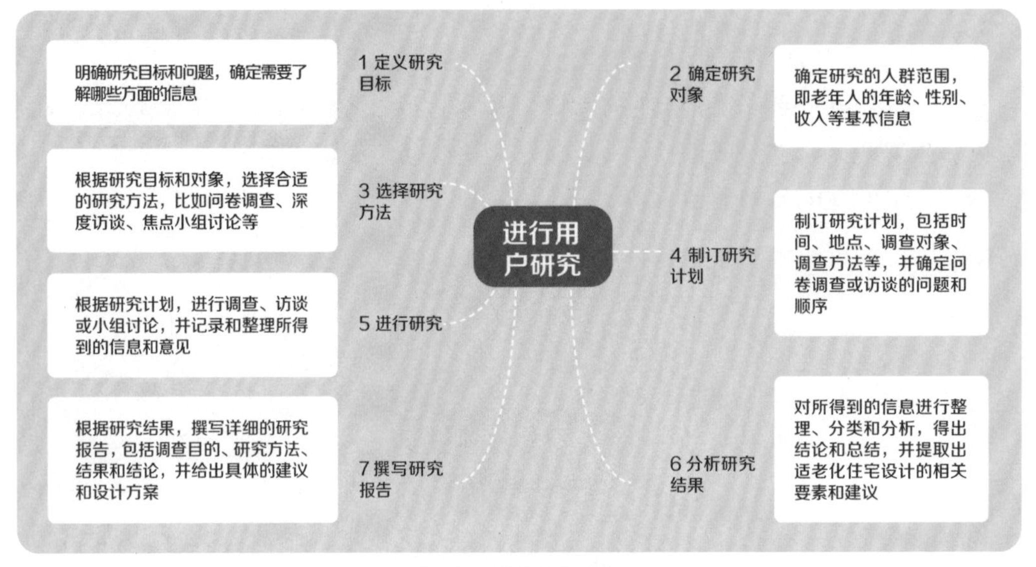

图 4-21　进行用户研究

- 组建专业设计师团队

根据项目的实际需求，综合考量设计师团队的设计及落地经验，进行专业的团队搭建。

- 制订设计标准和指南

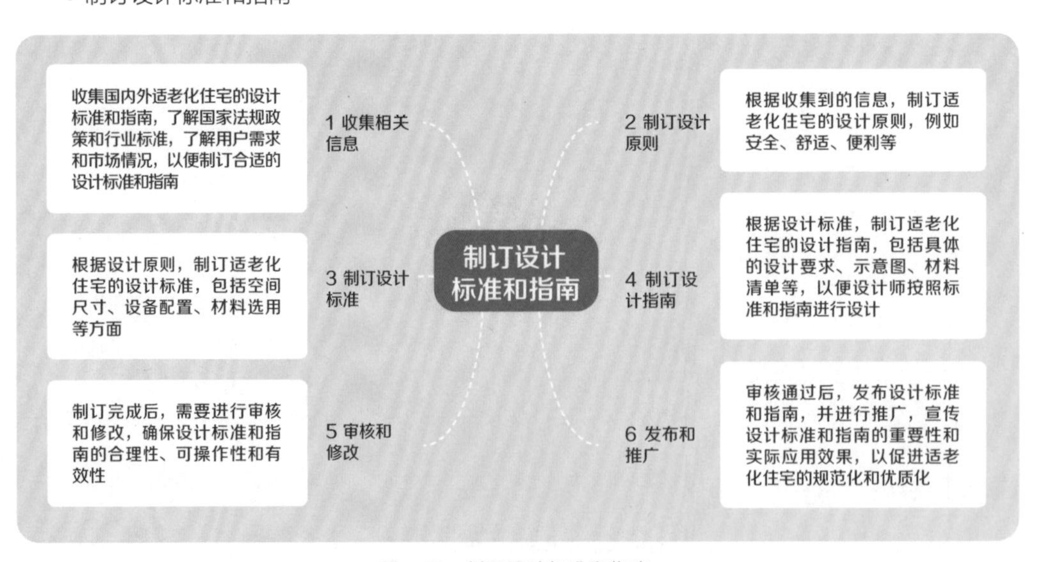

图 4-22　制订设计标准和指南

● 与开发商合作

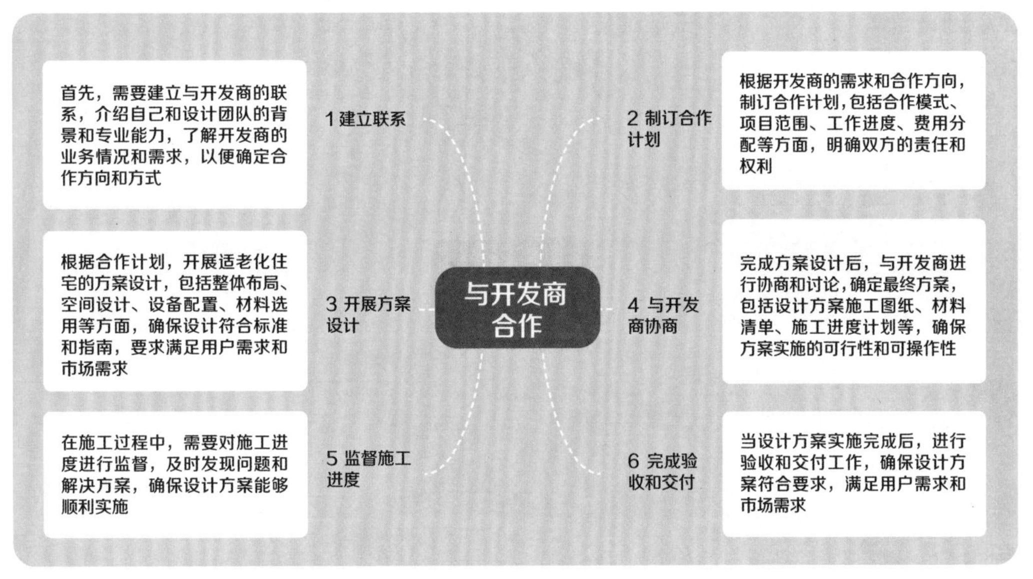

图 4-23 与开发商合作

● 进行实地考察和试验

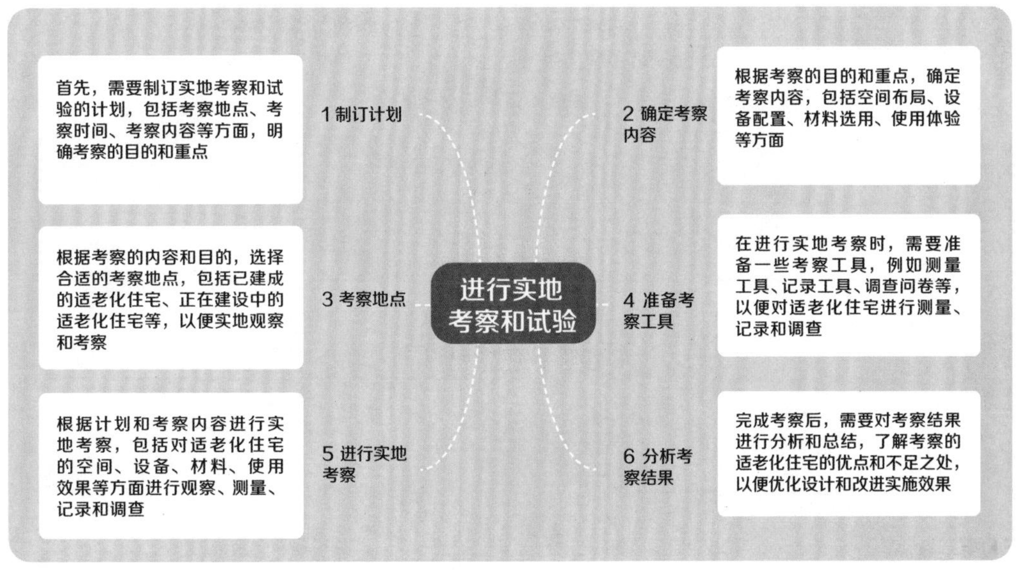

图 4-24 进行实地考察和试验

● 进行推广和宣传

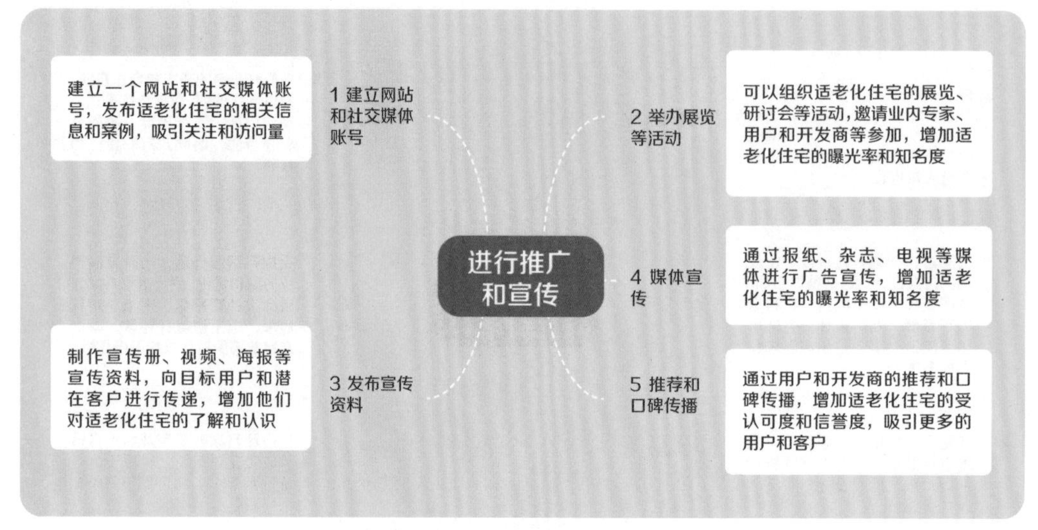

图 4-25　进行推广和宣传

（2）适老化住宅设计的落地

开展适老化住宅设计后，在掌握项目的定位和具体情况后，要重点关注落地的流程和方式，以及项目落地过程中需要紧扣哪些方面，从而做好相关的设计工作。图 4-26 ~图 4-32 总结了项目落地过程中需要重点关注的要点。

● 确定设计理念和方向

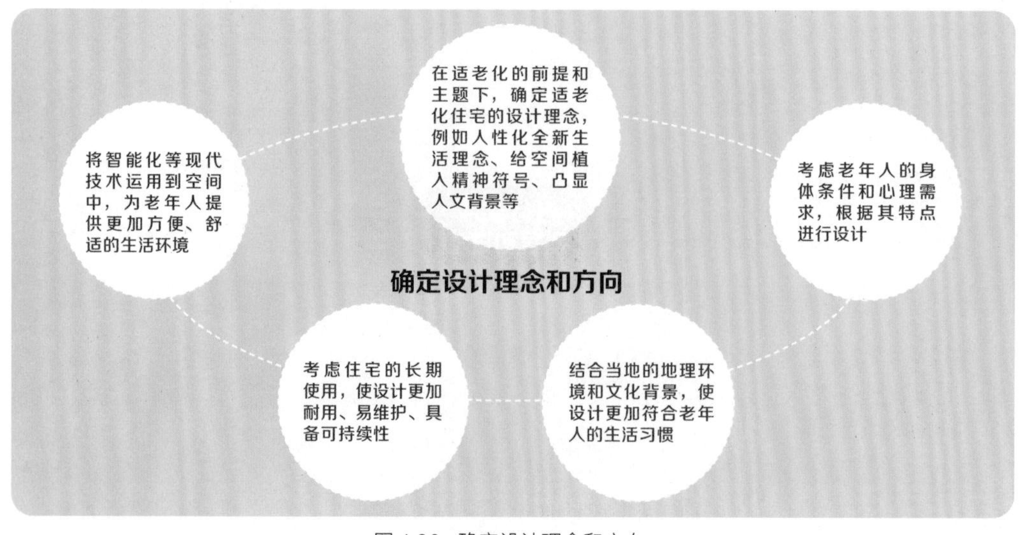

图 4-26　确定设计理念和方向

● 建筑设计方面

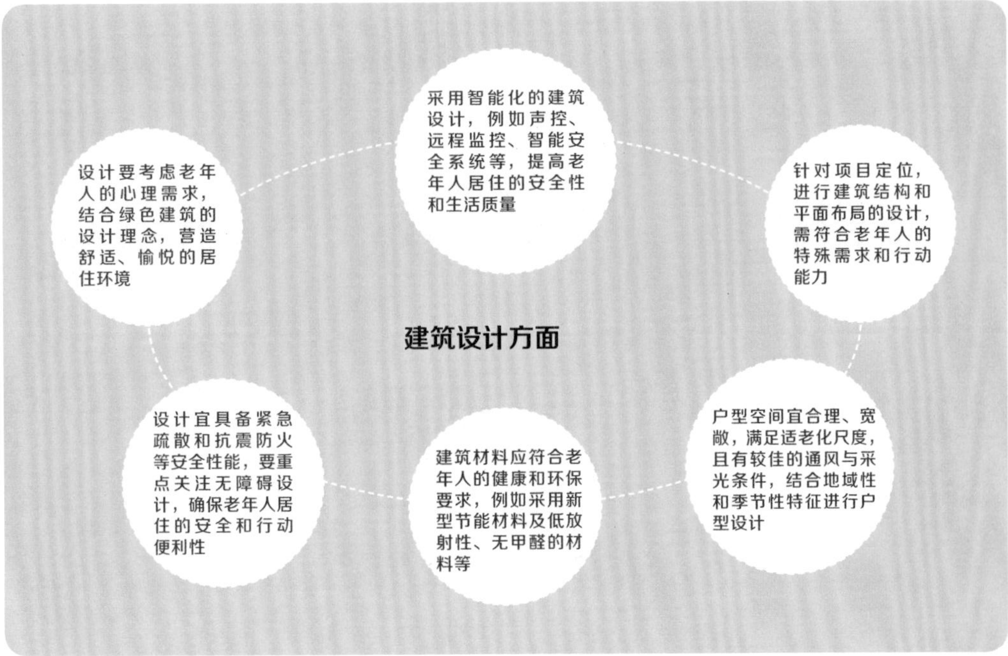

建筑设计方面

采用智能化的建筑设计，例如声控、远程监控、智能安全系统等，提高老年人居住的安全性和生活质量

针对项目定位，进行建筑结构和平面布局的设计，需符合老年人的特殊需求和行动能力

户型空间宜合理、宽敞，满足适老化尺度，且有较佳的通风与采光条件，结合地域性和季节性特征进行户型设计

建筑材料应符合老年人的健康和环保要求，例如采用新型节能材料及低放射性、无甲醛的材料等

设计宜具备紧急疏散和抗震防火等安全性能，要重点关注无障碍设计，确保老年人居住的安全和行动便利性

设计要考虑老年人的心理需求，结合绿色建筑的设计理念，营造舒适、愉悦的居住环境

图 4-27　建筑设计方面

● 做好空间规划

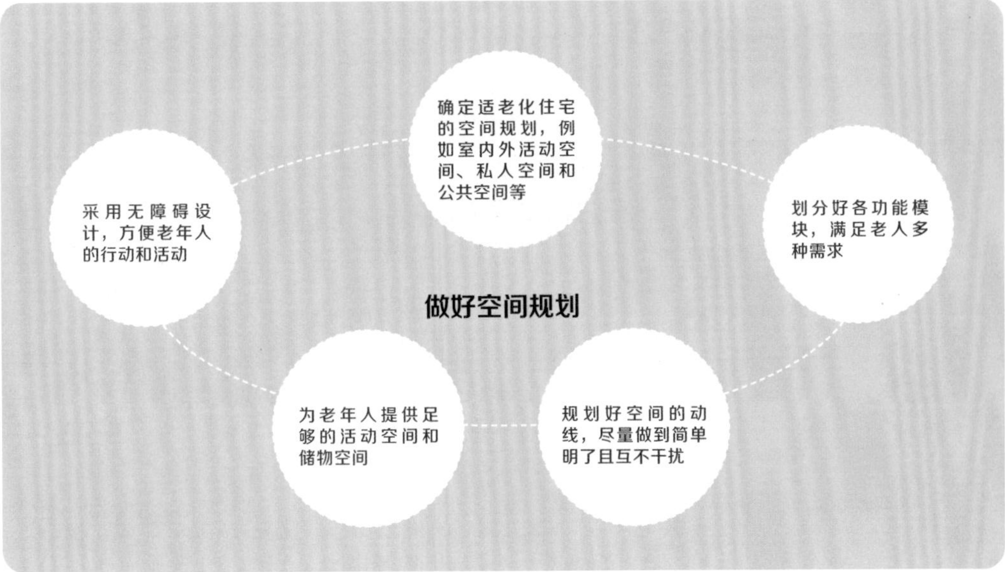

做好空间规划

确定适老化住宅的空间规划，例如室内外活动空间、私人空间和公共空间等

划分好各功能模块，满足老人多种需求

规划好空间的动线，尽量做到简单明了且互不干扰

为老年人提供足够的活动空间和储物空间

采用无障碍设计，方便老年人的行动和活动

图 4-28　做好空间规划

● 提供完备的生活设施

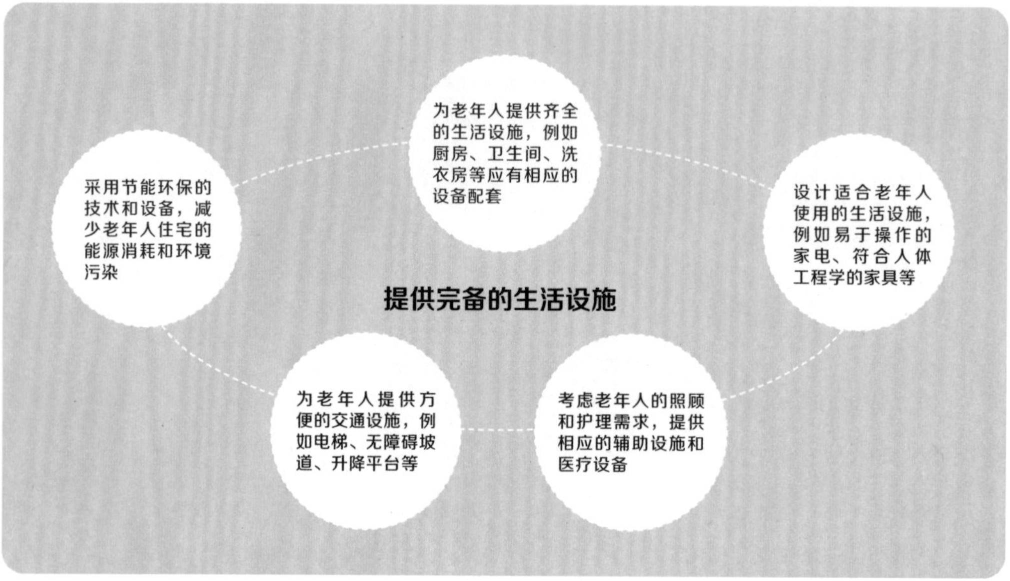

图 4-29 提供完备的生活设施

● 技术设备方面

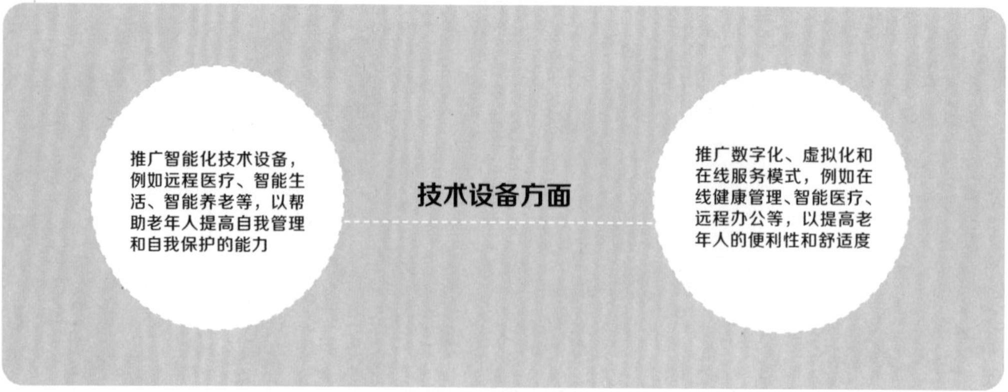

图 4-30 技术设备方面

● 社区环境方面

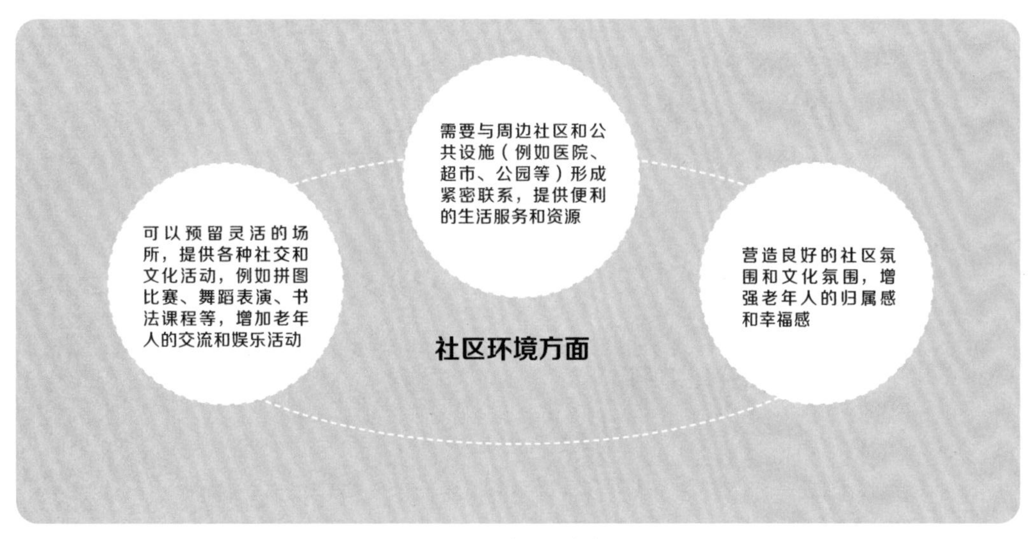

图 4-31　社区环境方面

● 关注老年人需求

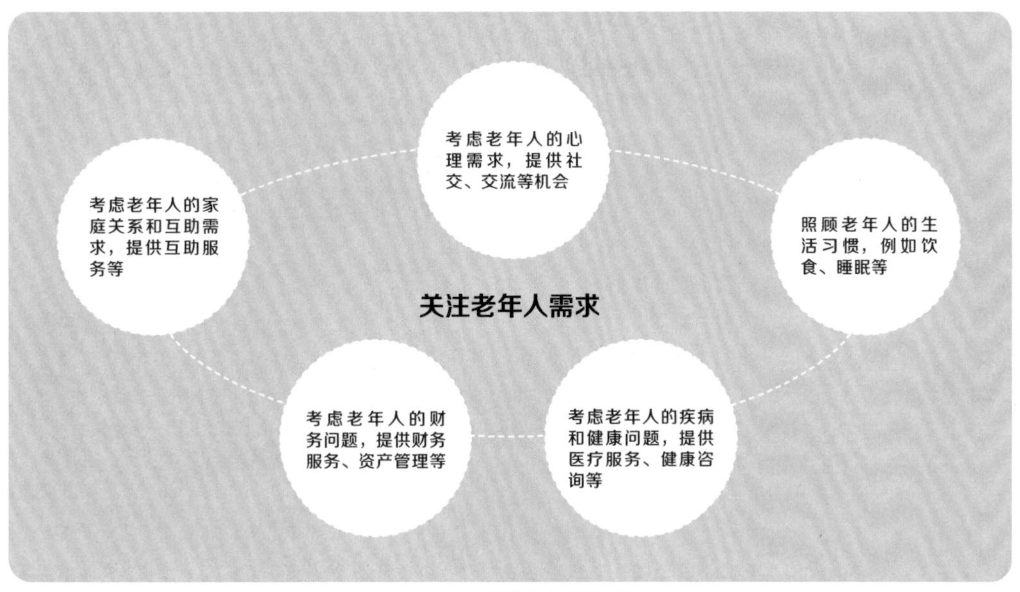

图 4-32　关注老年人需求

第 2 节　适老化住宅设计的可拓展性

面对严峻的人口老龄化趋势，适老化设计正在社会中慢慢被普及。现代科技和社会需求的相互融合，将会带来适老化设计的多方延伸。认识适老化设计的业态延伸、未来趋势和产业拓展，可以更加准确地进行适老化设计的研究和创新。

适老化住宅设计的业态延伸

随着人口老龄化趋势的加速，适老化住宅市场潜力巨大，也促进了适老化住宅设计的业态延伸。图 4-33 概括了适老化住宅设计业态延伸的几个方面。

图 4-33　适老化住宅设计业态延伸

适老化住宅设计的未来趋势

随着全球老龄化的趋势不断加剧，适老化住宅的需求也在逐渐增加。适老化住宅的设计必须考虑到老年人的身体和心理特点，以及老年人的生活方式和需求。未来适老化住宅设计的趋势是更加注重人性化、智能化、健康化、社交化和可持续化等方面的设计。

如图 4-34 所示，适老化住宅设计的未来趋势主要体现在以下几个方面：

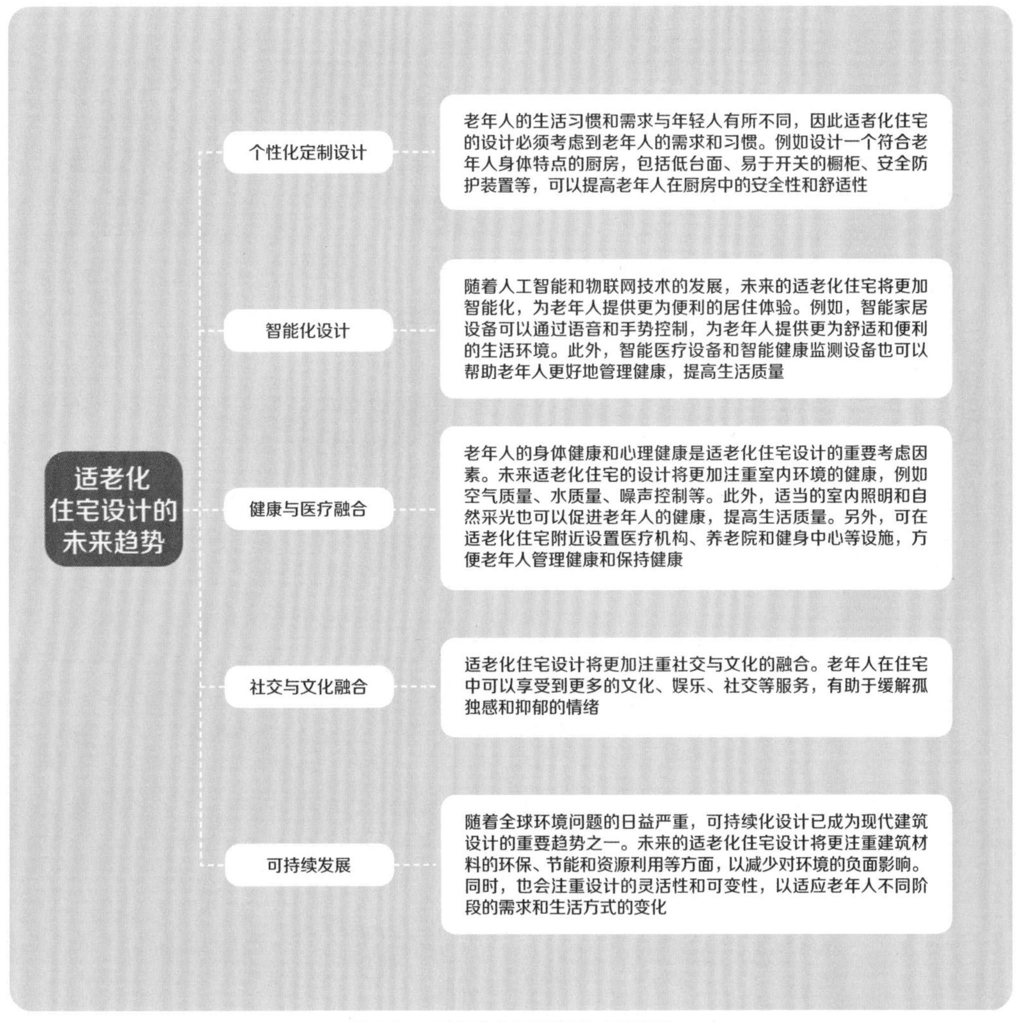

图 4-34　适老化住宅设计的未来趋势

适老化住宅设计的产业拓展

随着全球老龄化的趋势不断加剧，适老化住宅的需求不断增加，推动了适老化住宅设计的产业拓展。适老化住宅设计产业的拓展涉及多个方面，包括政策、市场、人才和技术等，需要各方合作和创新，为老年人提供更为舒适、安全、智能、健康和可持续的居住环境。而这种跨领域合作和创新是适老化住宅设计产业拓展的重要特点之一。

图 4-35 ~图 4-46 列举了适老化住宅设计产业拓展的几个方向。

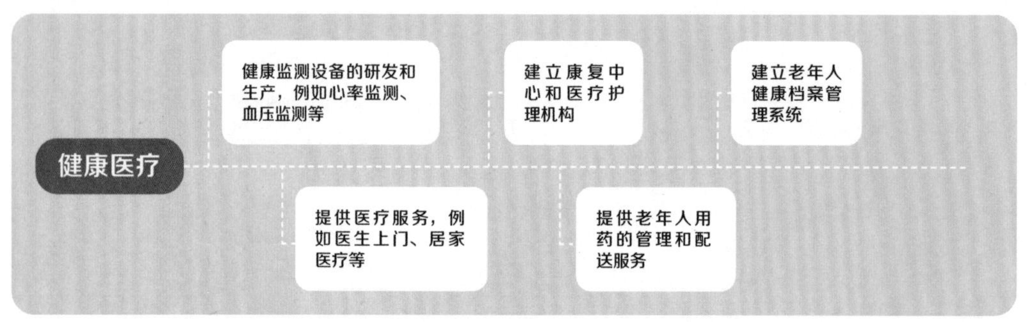

图 4-35　健康医疗

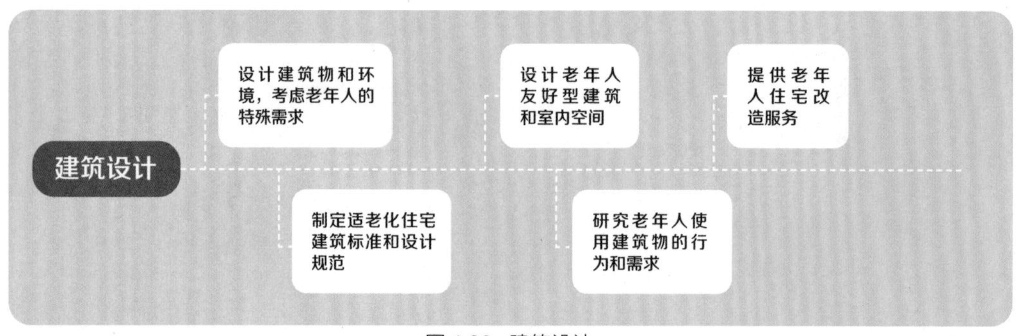

图 4-36　建筑设计

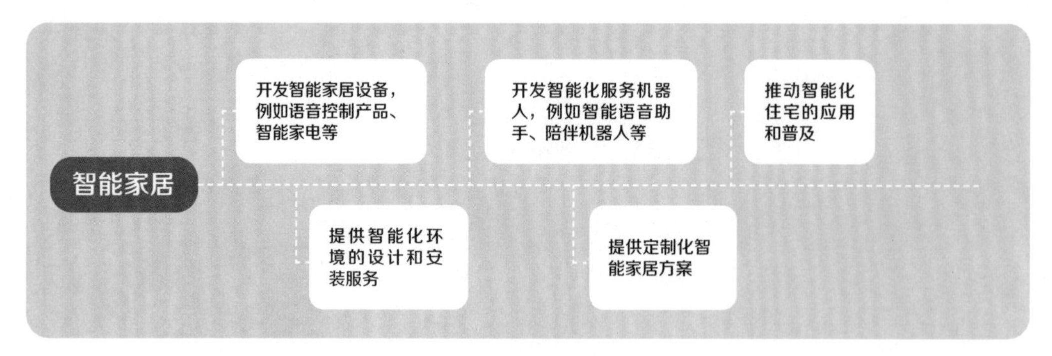

图 4-37　智能家居

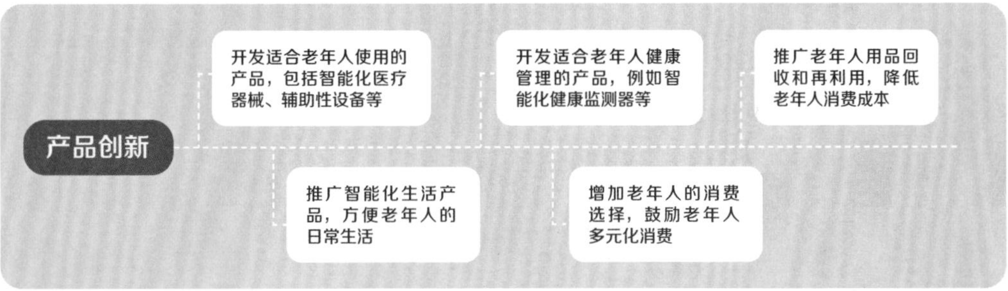

产品创新
开发适合老年人使用的产品，包括智能化医疗器械、辅助性设备等
开发适合老年人健康管理的产品，例如智能化健康监测器等
推广老年人用品回收和再利用，降低老年人消费成本
推广智能化生活产品，方便老年人的日常生活
增加老年人的消费选择，鼓励老年人多元化消费

图 4-38 产品创新

养老服务
开设居家养老服务和社区养老服务中心
提供老年人社交、文化娱乐等服务
设立老年人生活用品购物中心
提供长期照护和照料服务
提供老年人移动服务，例如出行、旅游等

图 4-39 养老服务

家庭护理
提供家庭护理服务，例如家庭护理员和看护等
提供家庭病床和辅助设备租赁服务
提供专业的病情管理和护理咨询服务
提供居家照料服务和日常生活协助服务
提供家庭健康管理和培训服务

图 4-40 家庭护理

金融保险
开发老年人健康、养老保险产品
提供老年人财务管理和代理服务
提供老年人退休规划和投资咨询服务
提供老年人理财和资产管理服务
提供老年人信用贷款和金融支持服务

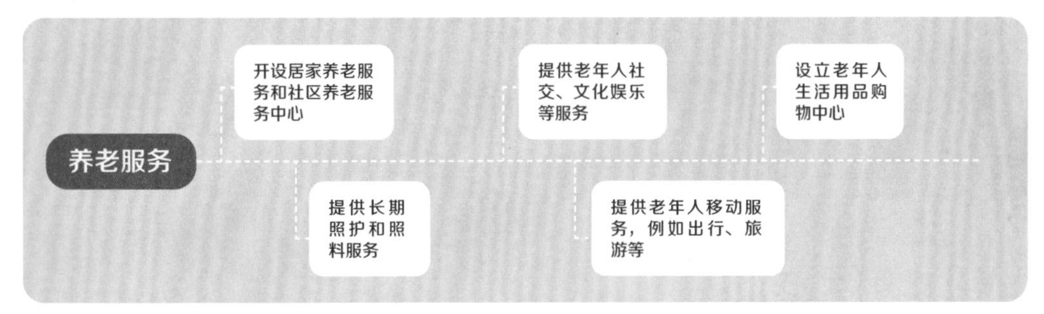

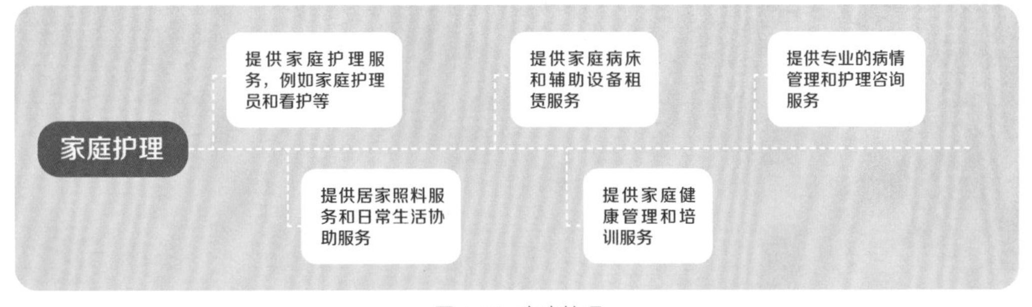

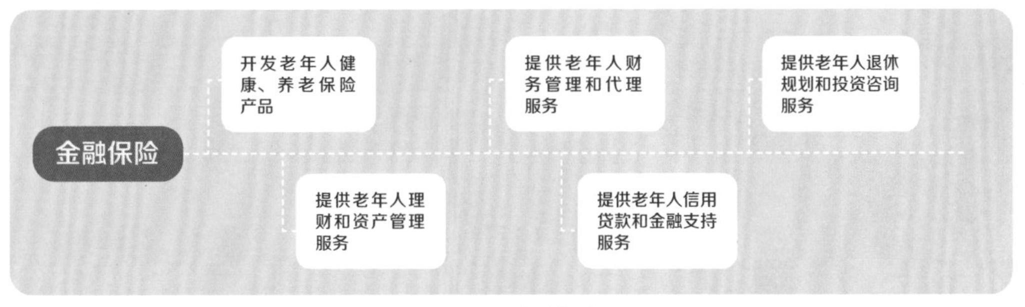

图 4-41 金融保险

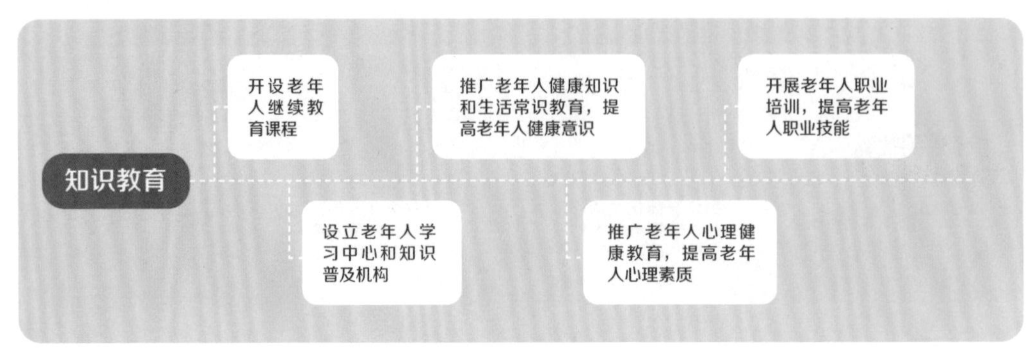

图 4-42　知识教育

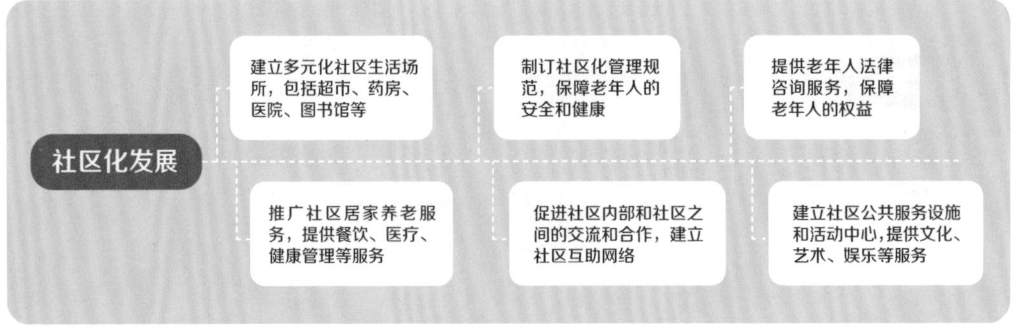

图 4-43　社区化发展

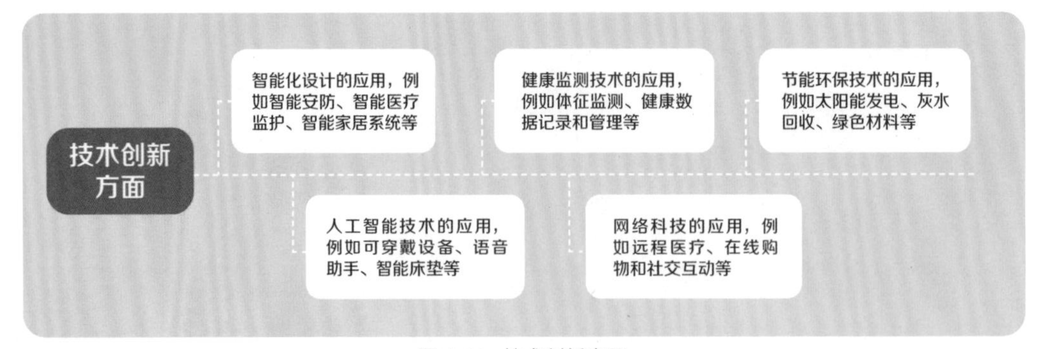

图 4-44　技术创新方面

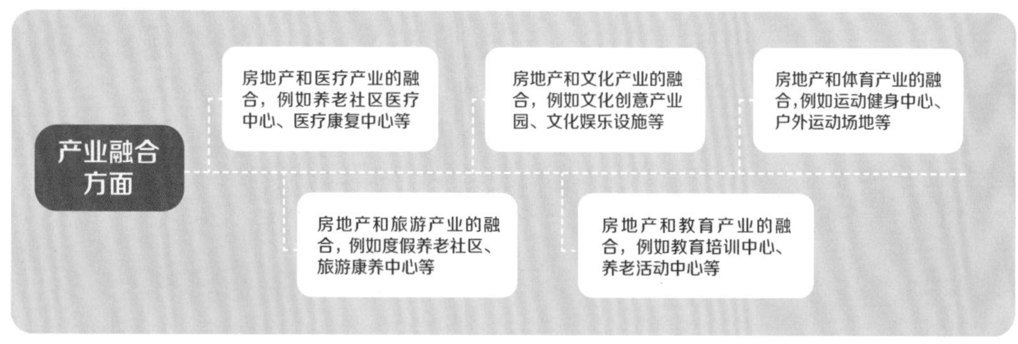

图 4-45　产业融合方面

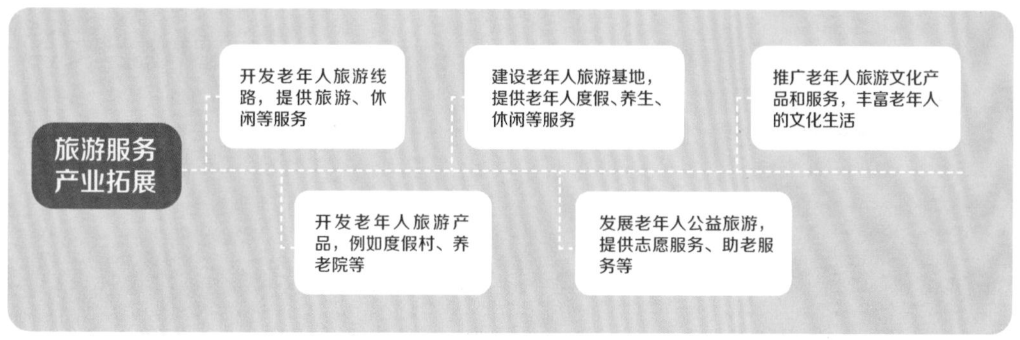

图 4-46　旅游服务产业拓展

后记

在完成本书的过程中，我一直在思考一个问题：如何通过设计真正地造福社会，深刻地关注民生。这是我站在作者的角度，对这本书寄予的最深切的愿望。

我们生活在一个飞速发展的世界，技术日新月异，社会结构不断变化，但有一件事情是永恒的：我们都会老去，这是人生必经的阶段。老龄化是社会现象，我们的住宅设计和社会支持体系也在努力赶追这一变化的步伐。

当我们谈论适老化住宅设计的同时，我们也在谈论社会的关怀和责任。适老化住宅设计并不仅仅关乎建筑及空间的外观或者功能，它是一种使人们能够更好地生活的哲学。因此，适老化设计不应该被视为一种特殊的设计类型，而应该成为我们设计和建造的标准之一。

在这本书中，我试着对适老化住宅设计的相关知识作了一定的分析与归纳，而这仅是一个开始，适老化住宅设计领域还有很多未知的领域等待我们去探索。我鼓励各位读者积极参与，发挥自己的创造力，与设计师、政策制定者、社会工作者等一起，共同努力推动适老化住宅设计的发展。

最后，我要衷心感谢给这本书提供帮助和灵感的人。感谢天津凤凰空间文化传媒有限公司周明艳老师的精心策划与辛苦付出；感谢出版社的编辑和工作人员的细致与严谨；感谢中国著名室内建筑设计师丛宁老师的支持与鼓励；感谢为我们提供项目案例的设计团队：木本清源、志邦家居和云深空间设计；感谢在适老化住宅设计上先行探索的前辈们的开拓，是你们的合作和努力，使这本书得以完成。同时，也要感谢所有的读者，因为有了你们的支持，这本书才得以传达出其重要的信息和理念。

陈盛君